环境监测技术与实践应用研究

张 锐 著

U0345970

吉林科学技术出版社

图书在版编目（CIP）数据

环境监测技术与实践应用研究 / 张锐著. -- 长春 ：
吉林科学技术出版社，2022.11
ISBN 978-7-5578-9573-0

Ⅰ．①环… Ⅱ．①张… Ⅲ．①环境监测－研究 Ⅳ.
① X83

中国版本图书馆 CIP 数据核字 (2022) 第 167942 号

环境监测技术与实践应用研究

著　　者　张　锐
出　版　人　宛　霞
责任编辑　孔彩虹
封面设计　树人教育
制　　版　树人教育
幅面尺寸　185mm×260mm
开　　本　16
字　　数　292 千字
印　　张　10.75
印　　数　1-1500 册
版　　次　2022 年 11 月第 1 版
印　　次　2023 年 4 月第 1 次印刷
出　　版　吉林科学技术出版社
发　　行　吉林科学技术出版社
地　　址　长春市南关区福祉大路 5788 号出版大厦 A 座
邮　　编　130118
发行部电话/传真　0431—81629529　　81629530　　81629531
　　　　　　　　　　　　81629532　　81629533　　81629534
储运部电话　0431-86059116
编辑部电话　0431-81629510
印　　刷　三河市嵩川印刷有限公司
书　　号　ISBN 978-7-5578-9573-0
定　　价　70.00 元

编审会

前　言

随着工业和科学的发展，环境监测的内容也由工业污染源监测，逐步发展到对大环境的监测，监测对象不仅是影响环境质量的污染因子，还包括对生物、生态变化的监测。

环境监测方法是环境监测工作的基本手段，是环境监测质量保证的关键环节，是环境保护行政主管部门和环境监测机构内部管理的重要内容。环境监测方法，是在环境监测点位设置、环境样品采集的基础上，定性或定量测试、分析区域（流域）环境某污染物浓度、固定（流动）污染源中某污染物排放状况的具体方法。

鉴于环境监测范围广、污染物种类多、环境样品复杂、时空分布极不均匀、监测频率与时间不尽相同，因而决定了环境监测分析方法的多样性。就化学分析方法而言，几乎涵盖了现代分析化学领域的所有分析技术手段；仪器分析方法，亦近乎涵盖了现代仪器分析领域的所有分析仪器；每项监测分析方法都具有一定适用范围，且依据所采用原理和仪器，分为若干个具体测试分析方法和最低检出限。

一般来说，环境监测技术包括采样技术、测试技术和数据处理技术。按照测试技术的不同，可将环境监测技术分为现场快速监测技术、采样后实验室分析监测技术、连续自动监测技术和遥感监测技术；按照采样技术的不同，可以将环境监测技术分为手工采样-实验室分析技术、自动采样-实验室分析技术和被动式采样-实验室分析技术；按照监测技术原理的不同，可以将环境监测技术分为物理监测、化学监测、生物监测和生态监测等。

本书的章节布局，共分为六章。第一章为绪论，本章重点阐述环境监测概述、环境监测技术概述和标准；第二章是环境监测采样技术，分别介绍了环境空气、环境水质、土壤底质、环境生物以及污染源样品采集；第三章对环境监测方法做了相对详尽的介绍，主要介绍了环境空气、环境水质、土壤底质、生态以及污染源监测方法；第四章是环境监测质量管理，本章主要介绍环境监测质量管理概述和内涵；第五章是环境监测综合技术与管理，本章介绍了环境监测规划与方案、数据管理、环境质量评价以及监测报告；第六章是环境监测新技术发展，重点介绍了超痕量分析技术、遥感环境监测技术以及生态监测。

本书在撰写过程中，参考、借鉴了大量著作与部分学者的理论研究成果，在此一一表示感谢。由于作者精力有限，加之行文仓促，书中难免存在疏漏与不足之处，望各位专家学者与广大读者批评指正，以使本书更加完善。

目 录
CONTENTS

第一章 绪论

第一节 环境监测概述

一、环境监测的目的、分类、原则及特点

环境监测是指运用化学、生物学、物理学及公共卫生学等方法，间断或连续地测定代表环境质量的指标数据，研究环境污染物的检测技术，监视环境质量变化的过程。

为了全面、确切地表明环境污染对人群、生物的生存和生态平衡的影响程度，做出正确的环境质量评价，现代环境监测不仅要监测环境污染物的成分和含量，往往还要对其形态、结构和分布规律进行监测。

（一）环境监测的目的

环境监测的目的是准确、及时、全面地反映环境质量现状及发展趋势，为环境管理、污染源控制、环境规划等提供科学依据。具体可归纳如下：

1. 根据环境质量标准，评价环境质量。

2. 根据污染分布情况，追踪寻找污染源，为实现监督管理、控制污染提供依据。

3. 收集本地数据，积累长期监测资料，为研究环境容量，实施总量控制、目标管理、预测预报环境质量提供数据。

4. 为保护人类健康、保护环境、合理使用自然资源，制定环境法规、标准、规划等服务。

（二）环境监测的分类

环境监测可按其监测对象、监测性质、监测目的等进行分类。

1. 按监测对象分类

按监测对象主要可分为水质监测、空气和废气监测、土壤监测、固体废物监测、生物污染监测、声环境监测和辐射监测等。

（1）水质监测

水质监测是指对水环境（包括地表水、地下水和近海海水）、工农业生产废水和生活污水等的水质状况进行监测。

（2）空气和废气监测

空气监测是指对环境空气质量（包括室外环境空气和室内环境空气）进行的监测。废气监测是指对大气污染源（包括固定污染源和移动污染源）排放废气进行的监测。

（3）土壤监测

土壤监测包括土壤质量现状监测、土壤污染事故监测、场地监测、土壤背景值调查等。

（4）固体废物监测

固体废物监测是指对工业产生的有害固体废物、城市垃圾和农业废物中的有毒有害物质进行监测，内容包括危险废物的特性鉴别、毒性物质含量分析和固体废物处理过程中的污染控制分析。

（5）生物污染监测

生物污染监测主要是对生物体内的污染物质进行的监测。

（6）声环境监测

声环境监测是指对城市区域环境噪声、社会生活环境噪声、工业企业厂界环境噪声以及交通噪声的监测。

（7）辐射监测

辐射监测包括辐射环境质量监测、辐射污染源监测、放射性物质安全运输监测以及辐射设施退役、废物处理和辐射事故应急监测等。

2．按监测性质分类

按监测性质可分为环境质量监测和污染源监测。

（1）环境质量监测

环境质量监测主要是监测环境中污染物的浓度大小和分布情况，以确定环境的质量状况，包括水质监测、环境空气质量监测、土壤质量监测和声环境质量监测等。

（2）污染源监测

污染源监测是指对各种污染源排放口的污染物种类和排放浓度进行的监测，包括各种污水和废水监测、固定污染源废气监测和移动污染源排气监测、固体废物的产生、贮存、处置、利用排放点的监测以及防治污染设施运行效果监测等。

3．按监测目的分类

（1）监视性监测

监视性监测又叫常规监测或例行监测，是对各环境要素进行定期的经常性的监测。其主要目的是确定环境质量及污染状况，评价控制措施的效果，衡量环境标准实施情况，积累监测数据。其一般包括环境质量的监视性监测和污染源的监督监测，目前我国已建成了各级监视性监测网站。

（2）特定目的监测

特定目的监测又叫特例监测，具体可分为污染事故监测、仲裁监测、考核验证监测和咨询服务监测等。

1）污染事故监测

污染事故发生时，及时进行现场追踪监测，确定污染程度、危害范围和大小、污染物种类、扩散方向和速度，查明污染发生的原因，为控制污染提供科学依据。

2）仲裁监测

主要解决污染事故纠纷，对执行环境法规过程中产生的矛盾进行裁定。纠纷仲裁监测由国家指定的具有权威的监测部门进行，以提供具有法律效力的数据作为仲裁凭据。

3）考核验证监测

主要是为环境管理制度和措施实施考核。其包括人员考核、方法验证、新建项目的环境考核评价、污染治理后的验收监测等。

4）咨询服务监测

主要是为环境管理、工程治理等部门提供服务，以满足社会各部门、科研机构和生产单位的需要。

（3）研究性监测

研究性监测又称科研监测，属于高层次、高水平、技术比较复杂的一种监测，通常由多个部门、多个学科协作共同完成。其任务是研究污染物或新污染物自污染源排出后，迁移变化的趋势和规律，以及污染物对人体和生物体的危害及影响程度，包括标准方法研制监测、污染规律研究监测、背景调查监测以及综合评价监测等。

此外，按监测方法的原理又可分为化学监测、物理监测、生态监测等；按监测技术的手段可以分为手工监测和自动监测等；按专业部门分类可以分为气象监测、卫生监测、资源监测等。

（三）环境监测的原则

在环境监测中，由于人力、监测手段、经济条件、仪器设备等限制，不可能无选择地监测分析所有的污染物，应根据需要和可能，坚持以下原则。

1. 选择监测对象的原则

（1）在实地调查的基础上，针对污染物的性质（如物化性质、毒性、扩散性等），选择那些毒性大、危害严重、影响范围广的污染物。

（2）对选择的污染物必须有可靠的测试手段和有效的分析方法，从而保证能获得准确、可靠、有代表性的数据。

（3）对监测数据能做出正确的解释和判断。如果该监测数据既无标准可循，又不能了解对人体健康和生物的影响，会使监测工作陷入盲目的地步。

2．优先监测的原则

需要监测的项目往往很多，但不可能同时进行，必须坚持优先监测的原则。对影响范围广的污染物要优先监测，燃煤污染、汽车尾气污染是全世界的问题，许多公害事件就是由它们造成的。因此，目前在大气中要优先监测的项目有二氧化硫、氮氧化物、一氧化碳、臭氧、飘尘及其组分、降尘等。水质监测可根据水体功能的不同，确定优先监测项目，如饮用水源要根据饮用水标准列出的项目安排监测。对于那些具有潜在危险，并且污染趋势有可能上升的项目，也应列入优先监测。

（四）环境监测的特点

环境监测涉及的知识面、专业面宽，它不仅需要有坚实的化学分析基础，而且还需要有足够的物理学、生物学、生态学和工程学等多方面的知识。在做环境质量调查或鉴定时，环境监测也不能回避社会性问题，必须考虑一定的社会评价因素。因此，环境监测具有多学科性、边缘性、综合性和社会性等特征。

1．环境监测的综合性

环境监测主体包括对水体、土壤、固体废物、生物体中污染指标的监测，其中污染物种类繁多、成分复杂；监测分析则涉及化学、物理、生物、水文气象和地理学等多方面。而实施环境监测得到的数据，不只是一个个简单的孤立数据，其中还包含着大量可探究、可追踪的丰富信息，通过数据的科学处理和综合分析，可以掌握污染物的变化规律以及多种污染物之间的相互影响。因此，环境监测的综合性就体现在监测方法、监测对象以及监测数据等综合性方面，判断环境质量仅对目标污染物进行某一地点、某一时间的分析测试是不够的，必须对相关污染因素、环境要素在一定范围、时间和空间内进行多元素、全方位的测定，综合分析数据信息的"源"与"汇"，这样才能对环境质量做出确切、可靠的评价。

2．环境监测的持续性

环境监测数据具有空间和时间的可比性和历史积累价值，只有在具有代表性的监测点位上持续监测才有可能揭示环境污染的发展趋势和发展轨迹。因此，在环境监测方案的制订、实施和管理过程中应尽可能实施持续监测，并逐步布设监测网络，合理分布空间，提高标准化、自动化水平，积累监测数据构建数据信息库。

3．环境监测的追踪性

环境监测数据是实施环境监管的依据。为保证监测数据的有效性，必须严格规范地制订监测方案，准确无误地实施，并全面科学地进行数据综合分析，即对环境监测全过程实施质量控制和质量保证，构建起完整的环境监测质量保证体系。

二、环境监测的方法与内容

环境监测的方法与技术包括采样技术、样品前处理技术、理化分析测试技术、生物监测技术、自动监测与遥感技术、数据处理技术、质量保证与质量控制技术等，它们是环境监测的基础,以根表示。环境监测的对象与内容包括水污染监测、大气污染监测、土壤污染监测、生物体污染监测、固体废物污染监测、噪声污染监测、放射性污染监测等,每一个监测对象又有各自若干监测指标及监测方法,以树枝和分枝表示。

第二节 环境监测技术概述

一、常用的环境监测技术

(一)实验室分析技术

目前,实验室对污染物的成分、结构与形态分析主要采用化学分析法和仪器分析法。经典的化学分析法主要有容量法(volumetric method)和重量法(gravimetric method)两类,其中容量法包括酸碱滴定法、氧化还原滴定法、配位滴定法和沉淀滴定法。化学分析法因其准确度高、所需仪器设备简单、分析成本低,所以仍被广泛采用。仪器分析法是以物理和物理化学分析法为基础的分析方法,主要分为光谱分析、电化学分析、色谱分析、质谱法、核磁共振波谱法、流动注射分析以及分析仪器联用技术。光谱分析法常见的有可见分光光度法、紫外分光光度法、红外分光光度法、原子吸收光谱法、原子发射光谱法、原子荧光光谱法、X射线荧光光谱法和化学发光法等;电化学分析法常见的有电导分析法、电位分析法、电解分析法、极谱法、库仑法等;色谱分析法包括气相色谱(GC)法、高效液相色谱(HPLC)法、离子色谱(IC)、超临界流体色谱(SFC)法以及薄层色谱(TLC)法等;分析仪器联用技术常见的有气相色谱-质谱(GC-MS)联用技术、液相色谱-质谱(LC-MS)联用技术等。

(二)现场快速监测技术

现场快速监测技术主要有试纸法、速测管法、化学测试组件法及便携式分析仪器测试法等。现场快速监测技术主要用来进行污染事故的应急监测。

(三)连续自动监测技术

连续自动监测技术是以在线自动分析仪器为核心,运用自动采样、自动测量、自动控制、数据处理和传输等现代技术,对环境质量或污染源进行24h连续监测。目前,其应用于地表水水质连续自动监测、污水连续自动监测、环境空气质量连续自动监测、固定污染源烟气排放连续自动监测、大气酸沉降连续自动监测、沙尘暴连续自动监测等。

（四）生物监测技术

生物监测技术就是利用植物、动物在污染环境中产生的反应信息来判断环境质量的方法。其常采用的手段包括：生物体污染物含量的测定；观察生物体在环境中的受害症状；生物的生理生化反应；生物群落结构和种类变化等。

（五）"3S"技术

环境遥感（environmental remote sensing，ERS）、地理信息系统（geographical information system，GIS）和全球定位系统（global positioning system，GPS）称为"3S"技术。

环境遥感是利用遥感技术探测和研究环境污染的空间分布、时间尺度、性质、发展动态、影响和危害程度，以便采取环境保护措施或制定生态环境规划的遥感活动。其可以分为摄影遥感技术、红外扫描遥测技术、相关光谱遥测技术、激光雷达遥测技术。如通过FTIR遥测大气中CO_2浓度、VOC的变化，用车载差分吸收激光雷达遥测SO_2等。

采用卫星遥感技术可以连续、大范围对不同空间的环境变化及生态问题进行动态观测，如海洋等大面积水体污染、大气中臭氧含量变化、环境灾害情况、城市生态及污染等。全球定位系统可提供高精度的地面定位方法，用于野外采样点定位，特别是海洋等大面积水体及沙漠地区的野外定点。地理信息系统是一种功能强大的对各种空间信息在计算机平台上进行装载运送、处理及综合分析的工具。三种技术的结合，形成了对地球环境进行空间观测、空间定位及空间分析的完整技术体系，为扩大环境监测范围和功能、提高其信息化水平以及对环境突发灾害事件的快速监测和评估等提供了有力的技术支持。

二、环境监测技术的发展

早期的环境监测技术主要是以化学分析为主要手段，对测定对象进行间断、定时、定点、局部的分析。这种分析结果不可能适应及时、准确、全面地反映环境质量动态和污染源动态变化的要求。20世纪70年代后期，随着科学技术的进步，环境监测技术迅速发展，仪器分析、计算机控制等现代化手段在环境监测中得到了广泛应用。环境监测从单一的环境分析发展到物理监测、生物监测、生态监测、遥感及卫星监测；从间断性监测逐步过渡到自动连续监测。监测范围从一个点或面发展到一个城市，从一个城市发展到一个区域。一个以环境分析为基础，以物理测定为主导，以生物监测为补充的环境监测技术体系已初步形成。

进入21世纪以来，随着科技进步和环境监测的需要，环境监测在传统的化学分析技术基础上，发展高精密度、高灵敏度、痕量、超痕量分析的新仪器、新设备，同时研发了适用于特定任务的专属分析仪器。计算机在监测系统中的普遍使用，使监测结果得到了快速处理和传递，多机联用技术的广泛采用，扩大了仪器的使用效率和应用价值。

今后一段时间，在发展大型、连续自动监测系统的同时，发展小型便携式仪器和现场快速监测技术将是环境监测技术的重要发展方向。广泛采用遥测遥控技术，以逐步实现监测技术的信息化、自动化和连续化。

第三节　环境标准

环境标准是指为了保护人群健康、社会物质财富和维持生态平衡，对大气、水、土壤等环境质量、对污染源、监测方法等，按照法定程序制定和批准发布的各种环境保护标准的总称，是环境法律法规体系的有机组成部分，也是保护生态环境的基础性、技术性方法和工具。1974年1月1日实施的《工业"三废"排放试行标准》是我国第一项环保标准，也是我国环保事业起步的重要标志。40多年来，环境标准随着国家和社会对环保的日益重视而加速发展，目前累计发布的各类国家环保标准达到1714项，其中现行标准1499项；累计发布各类地方环保标准303项，已经形成水、气、土、固体废物、声等环境质量标准和污染物排放标准。

一、环境标准的作用

环境标准对于环境保护工作具有"依据、规范、方法"三大作用，是政策、法规的具体体现，是强化环境管理的基本保证。其作用体现在以下几个方面：

（一）环境标准是执行环境保护法规的基本手段，又是制定环境保护法规的重要依据

在我国已经颁布的《环境保护法》《大气污染防治法》《水污染防治法》《海洋环境保护法》和《固体废物污染环境防治法》等法律中都规定了相关实施环境标准的条款。它们是环境保护法规原则规定的具体化，提高了执法过程的可操作性，为依法进行环境监督管理提供了手段和依据，也是一定时期内环境保护目标的具体体现。

（二）环境标准是强化环境管理的技术基础

环境标准是实施环境保护法律、法规的基本保证，是强化环境监督管理的核心。如果没有各种环境标准，法律、法规的有关规定就难以有效实施，强化环境监督管理也无实际保证。如"三同时"制度、排污申报登记制度、环境影响评价制度等都是以环境标准为基础建立并实施的，在处理环境纠纷和污染事故的过程中，环境标准是重要依据。

（三）环境标准是环境规划的定量化依据

环境标准用具体的数值来体现环境质量和污染物排放应控制的界限。环境标准中的定量化指标，是制定环境综合整治目标和污染防治措施的重要依据。依据环境标准，才能定量分析评价环境质量的优劣；依据环境标准，才能明确排污单位进行污染控制的具体要求和程度。

（四）环境标准是推动科技进步的动力

环境标准反映着科学技术与生产实践的综合成果，是社会、经济和技术不断发展的结果。应用环境标准可进行环境保护技术的筛选评价，促进无污染或少污染的先进工艺的应用，推动资源和能源的综合利用等。

此外，大量环境标准的颁布，对促进环保仪器设备以及样品采集、分析、测试和数据处理等技术方法的发展也起到了强有力的推动作用。

二、环境标准的分级和分类

环境标准体系是指根据环境标准的性质、内容和功能，以及它们之间的内在联系，将其进行分级、分类，构成一个有机统一的标准整体，其既具有一般标准体系的特点，又具有法律体系的特性。然而，世界上对环境标准没有统一的分类方法，可以按适用范围划分，按环境要素划分，也可以按标准的用途划分。应用最多的是按标准的用途划分，一般可分为环境质量标准、污染物排放标准和基础方法标准等；按标准的适用范围可分为国家标准、地方标准和环境保护行业标准；而按环境要素划分，有大气环境质量标准、水质标准和水污染控制标准、土壤环境质量标准、固体废物标准和噪声控制标准等。其中对单项环境要素又可按不同的用途再细分，如水质标准又可分为生活饮用水卫生标准、地表水环境质量标准、地下水环境质量标准、渔业用水水质标准、农田灌溉水质标准、海水水质标准等。而环境质量标准和污染物排放标准是环境保护标准的核心组成部分，其他的监测方法、标准样品、技术规范等标准是为实施这两类标准而制定的配套技术工具。

目前我国已形成以环境质量标准和污染物排放标准为核心，以环境监测标准（环境监测方法标准、环境标准样品、环境监测技术规范）、环境基础标准（环境基础标准和标准制修订技术规范）和管理规范类标准为重要组成部分，由国家、地方两级标准构成的"两级五类"环境保护标准体系，纳入了环境保护的各要素、领域。

（一）国家环境保护标准

国家环境保护标准体现国家环境保护的有关方针、政策和规定。依据环境保护法，国务院环境保护主管部门负责制定国家环境质量标准，并根据国家环境质量标准和国家经济、技术条件，制定国家污染物排放标准。针对不同环境介质中有害成分含量、排放源污染物及其排放量制定的一系列针对性标准构成了我国的环境质量标准和污染物排放标准，环境保护法明确赋予其判别合法与否的功能，直接具有法律约束力。过去40多年也是我国的环境保护标准法律约束力不断增强的过程：20世纪70年代计划经济时期，几乎无法可依；80—90年代，《环境保护法》等法律原则性规定地方政府对辖区环境质量负责，并规定排放超标者应缴纳超标排污费；2000年修订的《大气污染防治法》确立了排放标准"超标即违法"原则，"十一五"以来减排考核探索开展了对政府环境质量目标考核，并在2008年修订的《水污染防治法》中得到进一步强化；2013年最高人民法院、最高人民检察院出台关于污染环境罪的司法解释，将多次、多倍超标排放列为定罪量刑的条件；2014年修订的《环境保护法》进一步加大了超质量、排放标准的问责力度，明确对污染企业罚款上不封顶。

环境监测标准、环境基础标准和管理规范类标准、配套质量排放标准由国务院环境保护部门履行统一监督管理环境的法定职责而具有不同程度、范围的法律约束力。国务院环境保护主管部门还将负责制定监测规范，会同有关部门组织监测网络，统一规划国家环境质量监测站（点）的设置，建立监测数据共享机制，加强对环境监测的管理。相关行业、专业等各类环境质量监测站（点）的设置应当符合法律法规规定和监测规范的要求。监测机构应当使用符合国家标准的监测设备，遵守监测规范。监测机构及其负责人对监测数据的真实性和准确性负责。

同时，国家鼓励开展环境基准研究。

（二）地方环境保护标准

根据环境保护法，省、自治区、直辖市人民政府对国家环境质量标准中未做规定的项目，可以制定地方环境质量标准；对国家环境质量标准中已做规定的项目，可以制定严于国家环境质量标准的地方环境质量标准。地方环境质量标准应当报国务院环境保护主管部门备案。地方人民政府对国家污染物排放标准中未做规定的项目，可以制定地方污染物排放标准；对国家污染物排放标准中已做规定的项目，可以制定严于国家污染物排放标准的地方污染物排放标准。地方污染物排放标准应当报国务院环境保护主管部门备案。地方污染物排放标准应当参照国家污染物排放标准的体系结构制定，可以是行业型污染物排放标准和综合型污染物排放标准。

各地制订的地方标准优先于国家标准执行，体现了环境与资源管理的地方优先的管理原则。但各地除应执行各地相应标准的规定外，尚需执行国家有关环境保护的方针、政策和规定等。

国家环境保护标准尚未规定的环境监测、管理技术规范，地方可以制定试行标准，一旦相应的国家环保标准发布后这类地方标准即终止使命。地方环境质量标准和污染物排放标准中的污染物监测方法，应当采用国家环境保护标准。国家环境保护标准中尚无适用于地方环境质量标准和污染物排放标准中某种污染物的监测方法时，应当通过实验和验证，选择适用的监测方法，并将该监测方法列入地方环境质量标准或者污染物排放标准的附录,适用于该污染物监测的国家环境保护标准发布、实施后,应当按新发布的国家环境保护标准的规定实施监测。

我国现行的环境标准分为五类,下面分别简要介绍。

1．环境质量标准

环境质量标准是为保护自然环境、人体健康和社会物质财富,对环境中有害物质和因素所做的限制性规定,而制定环境质量标准的基础是环境质量基准。所谓环境质量基准(环境基准),是指环境中污染物对特定保护对象(人或其他生物)不产生不良或者有害影响的最大剂量或浓度,是一个基于不同保护对象的多目标函数或一个范围值,如大气中SO_2年平均浓度超过$0.115mg/m^3$,对人体健康就会产生有害影响,这个浓度值就称为"大气中SO_2的基准"。因此,环境质量标准是衡量环境质量和制定污染物控制标准的基础,是环保政策的目标,也是环境管理的重要依据。

2．污染物排放标准

污染物排放标准指为实现环境质量标准要求,结合技术经济条件和环境特点,对排入环境的有害物质和产生污染的各种因素所做的限制性规定。由于我国幅员辽阔,各地情况差别较大,因此不少省、市制定并报国家环境保护部备案了相应的地方排放标准。

3．环境基础标准

环境基础标准指在环境标准化工作范围内,对有指导意义的符号、代号、图式、量纲、导则等所做的统一规定,是制定其他环境标准的基础。

4．环境监测标准

环境监测标准是保障环境质量标准和污染物排放标准有效实施的基础,其内容包含环境监测方法标准、环境标准样品和环境监测技术规范等。根据环境管理需求和监测技术的不断进步,以水、空气、土壤等环境要素为重点,积极鼓励采用先进的分析手段和方法,分步有序地完善该类标准的制定和修订,实验室验证工作还需同步进行,同时力求提高环境监测方法的自动化和信息化水平。

5．环境管理类标准

结合环境管理需求,根据环境保护标准体系的特点,建立形成了管理规范类标准,为环境管理各项工作提供全面支撑。这类标准包括:建设项目和规划环境影响评价、饮用水源地保护、化学品环境管理、生态保护、环境应急与风险防范等各类环境管理规范类标准,还包含各类环境标准的实施机制与评估方法等,对现行各类管理规范类标准进行必要的制订和修订;通过及时掌握各行业先进技术动态与发展趋势,并参与全球环境保护技术法规相关工作等,不断推进我国环境保护标准与国际相关标准的接轨。

三、制定环境标准的原则

制定环境标准要体现国家关于环境保护的方针、政策和符合我国国情,使标准的依据和采用的技术措施达到技术先进、经济合理、切实可行，力求获得最佳的环境效益、经济效益和社会效益。

（一）遵循法律依据和科学规律

以国家环境保护方针、政策、法律、法规及有关规章为依据，以保护人体健康和改善环境质量为目标，以促进环境效益、经济效益和社会效益三者的统一为基础，制定环境标准。环境标准的科学性体现在设置标准内容有科学实验和实践的依据，具有重复性和再现性，能够通过交叉实验验证结果。如环境质量标准的制定则是依据环境基准研究和环境状况调查的结果，包括环境中污染物含量对人体健康和生态环境的"剂量-效应"关系研究，以及对环境中污染物分布情况和发展趋势的调查分析。

（二）区别对待原则

制定环境标准要具体分析环境功能、企业类型和污染物危害程度等不同因素，区别对待，宽严有别。按照环境功能不同，对自然保护区、饮用水源保护区等特殊功能环境，标准必须严格，对一般功能环境，标准限制相对宽些。按照污染物危害程度不同，标准的宽严也不一，对剧毒物要从严控制，而制定污染物排放标准则是以环境保护优化经济增长为原则，依据环境容量和产业政策的要求，确定标准的适用范围和控制项目，并对标准中的排放限值进行成本效益分析。

（三）适用性与可行性原则

制定环境标准，既要根据生物生存和发展的需要，同时还要考虑到经济合理，技术可行；而适用性则要求标准的内容有针对性，能够解决实际问题，实施标准能够获得预期的效益。这两点都要求从实际出发做到切实可行，要对社会为执行标准所花的总费用和收到的总效益进行"费用-效益"分析，寻求一个既能满足人群健康和维护生态平衡的要求，又使防治费用最小，能在近期内实现的环境标准。如制定的污染物排放标准并不是越严越好，必须考虑产业政策允许、技术上可达、经济上可行，体现的是在特定环境条件下各排污单位均应达到的基本排放控制水平。

（四）协调性与适应性原则

协调性要求各类标准的内容协调，没有冲突和矛盾。同时，要求各个标准的内容完整、健全，体系中的相关标准能够衔接与配合，如质量标准与排放标准、排放标准与收费标准、国内标准与国际标准之间应该体现相互协调和相互配套，使相关部门的执法工作有法可依，共同促进。

（五）国际标准和其他国家或国际组织相关标准的借鉴

一个国家的标准能够综合反映国家的技术、经济和管理水平。在国家标准的制定、修改或更新时，积极逐步采用或等效采用国际标准必然会促进我国环境监测水平的提高。逐步做到环境保护基础标准和通用方法标准与国际相关标准的统一，也可以避免国际合作等过程中执行标准时可能产生的责任不明确事件的发生。

（六）时效性原则

环境标准不是一成不变的，它与一定时期的技术经济水平以及环境污染与破坏的状况相适应，并随着技术经济的发展、环境保护要求的提高、环境监测技术的不断进步及仪器普及程度的提高需进行及时调整或更新，通常几年修订一次。修订时，每一标准的标准号不变，变化的只是标准的年号和内容，修订后的标准代替老标准，例如《地表水环境质量标准》（GB 3838—2002）就是《地面水环境质量标准》（GB 3838—83）的替代版本。

第二章　环境监测采样技术

第一节　环境空气样品采集

一、环境空气样品特征

（一）复杂性

一般来说，环境空气中污染物形态，以气态、蒸汽、气溶胶等形态存在。气态污染物，指某些大气污染物在常温常压下，以气体形式存在环境空气中，例如，二氧化硫（SO_2）、二氧化氮（NO_2）、一氧化碳（CO）、臭氧（O_3）等；蒸气，指某些物质在常温常压下为液体或固体，但因其沸点或熔点较低，故以蒸气态挥发到环境空气中，例如，汞、苯、酚等；气溶胶，指由固体颗粒或液体颗粒悬浮于环境空气中的悬浮体，因其性质与颗粒不同，常见的有总悬浮颗粒物（TSP）、可吸入颗粒物（PM_{10}）、细颗粒物（$PM_{2.5}$）、降尘等。

（二）变异性

环境空气中污染物浓度分布，随着监测点位与大气污染源之间距离加大，其浓度由近至远，逐渐降低；又因大气湍流或平流条件、风向风速不同，即使在以大气污染源为中心的等距离同心圆上，各方位监测点的大气污染物浓度也有极大差异。此外，大气污染物不同高度分布亦不均匀，随着地面高度增加，大气污染物浓度逐渐降低。这意味着，即使在同一监测点位，也难以采集到浓度完全相等的平行样品。

（三）无定形性

由于空气能够垂直运动、水平运动、分子扩散运动，因而，空气是无边界的。大气污染物在环境空气中的稀释、扩散、净化能力受云量、风向、风速、气温、气压、湿度、降水等多种气象因素影响；当各类大气污染物进入环境空气中，将随着气象条件扩散，其浓度、形态亦将瞬间发生变化，例如：烟（粉）尘有球形和非球形、粒径大小之分，一氧化碳（CO）排放到环境空气中变成二氧化碳（CO_2）等。

二、环境空气样品采集

《环境空气质量监测规范（试行）》（以下称《空气监测规范》）第17条规定：采用自动监测方法监测区域环境空气质量，应执行《环境空气质量自动监测技术规范》（HJ/T 193—2005）（以下称《自动监测规范》）规定方法和技术要求；国家环境空气质量监测网中的环境空气质量背景点、评价点监测，应优先选用自动监测方法。

《空气监测规范》第18条规定：国家环境空气质量背景点的监测，还应具备完善的手工监测能力，并可使用手工监测方法监测非常规项目；采用手工监测方法监测区域环境空气质量，应执行《环境空气质量手工监测技术规范》（HJ/T 194—2005）（以下称《手工监测规范》）规定方法和技术要求。

（一）环境空气自动采样

1．采样设备

环境空气质量自动监测，指在监测点位采用连续自动监测仪器，对环境空气质量进行连续的样品采集、处理、分析过程。环境空气质量自动监测系统，由监测子站、中心计算机室、质量保证实验室、系统支持实验室等4部分组成。

《自动监测规范》4.2规定：多支路集中采样装置在使用多台点式监测仪器的环境空气监测子站中，除PM_{10}、$PM_{2.5}$监测仪器单独采样外，其他多台仪器可共用1套多支路集中采样装置采集样品。

多支路集中采样装置有两种组成形式，即：垂直层流式采样总管、竹节式采样总管。

（1）采样头

采样头设置在总管户外采样气体入口端，防止雨水和粗大颗粒物落入总管，同时，避免鸟类、小动物和大型昆虫进入总管。采样头设计，应保证采样气流不受风向影响，稳定进入总管。

（2）采样总管

采样总管内径选择1.5～15cm之间，采样总管内气流应保持层流状态，采样气体在总管内滞留时间应小于20s；总管进口至抽气风机出口之间压降应小，所采集气体样品的压力应接近大气压；支管接头应设置采样总管层流区域内，各支管接头之间的间距大于8cm。

（3）制作材料

多支路集中采样装置制作材料，应选用不与被监测污染物发生化学反应和不释放干扰物质的材料。一般以聚四氟乙烯或硼硅酸盐玻璃等作为制作材料；仅监测SO_2，NO_2或氮氧化物（NO_x）的采样总管，也可选用不锈钢材料。监测仪器与支管接头连接的管线，也应选用不与被监测污染物发生化学反应和不释放干扰物质的材料。

（4）其他技术要求

①为防止因室内外环境空气温度差异，致使采样总管内壁结露吸附监测物质，需对总管和影响较大管线外壁加装保温套或加热器，一般加热温度控制在30～50℃。

②监测仪器与支管接头连接管线长度不大于3m，同时，应避免空调机出风直接吹向采样总管和与仪器连接的支管线路。

③为防止环境空气中灰尘落入监测分析仪器，应在监测仪器采样入口与支管气路结合部之间，安装孔径不大于5μm聚四氟乙烯过滤膜。

④在监测仪器管线与支管接头连接时，为防止结露水流和管壁气流波动的影响，应将管线与支管连接端伸向总管接近中心的位置，然后再做固定。

⑤在不使用采样总管时，可直接使用管线采样，但是，采样管线应选用不与被监测污染物发生化学反应和不释放干扰物质的材料，采样气体滞留在采样管线内时间应小于20s。

⑥在监测子站中PM_{10}、$PM_{2.5}$虽单独采样，但为防止颗粒物沉积于采样管管壁，采样管应垂直，并尽可能缩短采样管长度；为防止采样管内冷凝结露，可采取加温措施，一般加热温度控制在30～50℃。

环境空气监测子站由采样装置、监测分析仪、校准设备、气象观测仪器、数据传输设备、子站计算机或数据采集仪，以及站房环境条件保证设施（空调、除湿设备、稳压电源等）组成。

2．采样频率与时间

《自动监测规范》5.2规定：采用环境空气质量自动监测系统监测时，各监测项目数据采集频率和时间执行以下要求：

①环境空气质量自动监测系统采集的连续监测数据，应能满足每小时算术平均值计算要求；在每小时中采集到的监测分析仪器正常输出一次值大于75%时，本小时监测结果有效，使用本小时内所有正常输出一次值计算的算术平均值作为该小时平均值。

②《环境空气质量标准》（GB 3095—2012）表4规定：SO_2、NO_2、NO_x、CO、PM_{10}、$PM_{2.5}$应有不小于45min/h有效采样时间，每日应不小于20个有效小时（O_3不小于6h/8h）或采样时间平均浓度值为有效日平均值，每月应不小于27个有效日（2月为不小于25个有效日）平均浓度值为有效月平均值，每年应不小于324个有效日平均浓度值为有效年平均值；TSP、苯并[a]芘（B[a]P）、铅（Pb）每日应不小于24个有效小时采样时间平均浓度值为有效日平均值，每月应不小于5个分布均匀有效日平均浓度值为有效月平均值，每年应不小于60个分布均匀有效日平均浓度值为有效年平均值；Pb每季应不小于15个分布均匀有效日平均浓度值为有效季平均值。

3．异常值取舍

①低浓度未检出结果和在监测分析仪器零点漂移技术指标范围内负值，取监测仪器最低检出限1/2数值，作为监测结果，参加统计。

②有子站自动校准装置的系统，仪器在校准零/跨度期间，发现仪器零点漂移或跨度漂移超出漂移控制限，应从发现超出控制限时刻起到仪器恢复调节控制限以下时间段内的监测数据作为无效数据，不参加统计；但应对该数据标注，作为参考数据保留。

③手工校准的系统，仪器在校准零/跨度期间，发现仪器零点漂移或跨度漂移超出漂移控制限，应从发现超出控制限时刻前一日起到仪器恢复调节控制限以下时间段内的监测数据作为无效数据，不参加统计；但应对该数据标注，作为参考数据保留。

④在仪器校准零/跨度期间的数据作为无效数据，不参加统计；但应对该数据标注，作为仪器检查依据予以保留。

⑤若监测子站临时停电或断电，则从停电或断电时起至恢复供电后仪器完成预热为止时段内的任何数据都为无效数据，不参加统计；恢复供电后，一般仪器完成预热需要0.5～1h。

（二）环境空气手工采样

环境空气质量手工监测，指在监测点位使用采样装置采集一定时段的环境空气样品，将采集的样品在实验室使用分析仪器分析、处理的过程。24h连续采样，指24h连续采集一个环境空气样品，监测大气污染物日平均浓度的采样方式。

1. 24h连续采样

《手工监测规范》4.1规定的24h连续采样，适用于环境空气中SO_2、NO_2、NO_x、PM_{10}、$PM_{2.5}$、TSP、B[a]P、氟化物（F）、Pb样品采集；大气污染物采样频率与采样时间确定，执行《环境空气质量标准》（GB 3095—2012）"污染物浓度数据有效性最低要求"规定。

（1）气态污染物监测

①采样亭

采样亭，是安放采样系统各组件、便于采样的固定场所。采样亭面积及其空间大小，应视合理安放采样装置、便于采样操作而定。一般面积应不小于$5m^2$，采样亭墙体应具有良好的保温和防火性能，室内温度应维持25±5℃。

②采样系统

气态污染物采样系统，由采样头、采样总管、采样支管、引风机、气体样品吸收装置、采样器等部分组成。

（a）采样头：采样头为一个能防雨、雪、尘及其他异物（例如：昆虫）的防护罩，其材料可使用不锈钢或聚四氟乙烯。采样头、进气口距采样亭顶盖上部应为1～2m。

（b）采样总管：通过采样总管将环境空气垂直引入采样亭内，采样总管内径30～150mm，内壁应光滑。采样总管气样入口处至采样支管气样入口处之间长度不得大于3m，其材料可使用不锈钢、玻璃或聚四氟乙烯等。为防止气样中湿气在采样总管中凝结，采样总管可采取加热保温措施，加热温度应在环境空气露点以上，一般在40℃左右。在采样总管上，SO_2进气口应先于NO_2进气口。

（c）采样支管：通过采样支管，将采样总管中气样引入吸收装置。一般采样支管内径4~8mm，内壁光滑，支管长度不大于0.5m。采样支管进气口应置于采样总管中心和采样总管气流层流区内，采样支管材料应选用聚四氟乙烯或不与被测大气污染物发生化学反应的材料。采样支管与采样总管、采样支管与气样吸收装置之间连接处不得漏气，一般应采用内插外套或外插内套方法连接。

（d）引风机：用于将环境空气引入采样总管内，并将采样后气体排出采样亭外的动力装置，安装于采样总管末端。采样总管内样气流量，应为采样亭内各采样装置所需采样流量总和5~10倍。采样总管进气口至出气口气流压降应小，以保证气样压力接近环境空气大气压。

（e）气样吸收装置：气样吸收装置，为多孔玻璃筛板吸收瓶（管）。在规定采样流量下，装有吸收液的吸收瓶阻力应为67±0.7kPa，吸收瓶玻板的气泡应分布均匀。

（f）采样器：采样器应具有恒温、恒流控制装置（临界限流孔）和流量、压力、温度指示仪表，采样器应具备定时、自动启动与计时功能，采样泵带载负压应大于70kPa。采样流量应设定在0.20±0.02L/min之间，流量计与临界限流孔精度应不小于2.5级，当电压波动在+10%~-15%范围内流量波动应不大于5%。临界限流孔加热槽内温度应恒定，且在24h连续采样条件下保持稳定，实施SO_2、SO_3采样时，SO_2、SO_3吸收瓶在加热槽内最佳温度分别为23~29℃、16~24℃，且采样过程中保持恒定。要求计时器24h内的时间误差应小于5min。

③采样前准备

（a）采样总管和采样支管清洗：应定期清洗，清洗周期视当地空气湿度污染状况确定。

（b）气密性检查：按连接采样系统各装置，确认采样系统连接正确后，实施采样系统气密性检查。

（c）采样流量检查：使用通过检定合格的流量计校验采样系统的采样流量，每月不低于1次，每月采样流量误差应小于5%，若误差超过此值，应清洗限流孔或更换新限流孔；限流孔清洗或更换后，应校准其流量。

（d）温度与时间控制系统检查：检查吸收瓶温控槽与临界限流孔，温控槽的温度指示是否符合要求；检查计时器的计时误差是否超出误差范围。

④采样

（a）将装有吸收液的吸收瓶（内装50.0mL吸收液）连接至采样系统中，启动采样器采样。记录采样流量、开始采样时间、温度和压力等参数。

（b）采样结束后，取下样品，并将吸收瓶进、出口密封，记录采样结束时间、采样流量、温度和压力等参数。

（2）颗粒物监测

①采样系统

采样系统由颗粒物切割器、滤膜、滤膜夹、颗粒物采样器组成，或者由滤膜、滤膜夹、具有符合切割特性要求的采样器组成。

（a）颗粒物粒径切割器：采集TSP样品，要求切割器的切割粒径D_{50}为100μm；采集PM_{10}样品，要求切割器的切割粒径D_{50}为10μm；采集$PM_{2.5}$样品，要求切割器的切割粒径D_{50}为2.5μm。

（b）滤膜：依据监测目的，选用使用超细玻璃纤维滤膜和有机纤维膜；要求所用滤膜对0.3μm标准粒子截留效率不小于99%，气流速度0.45m/s时，单张滤膜阻力不大于3.5kPa；在此气流下，抽取经高效过滤器净化空气5h，滤膜失重不大于0.012mg/cm^2。

（c）滤膜夹：用于安放和固定采样器的采样滤膜。

（d）采样器：颗粒物采样器分为大流量采样器和中流量采样器，一般大流量采样器采样流量为1.05m^3/min，中流量采样器为100L/min。

②采样前准备与滤膜处理

（a）采样器流量校准：执行《环境空气总悬浮颗粒物的测定重量法》（GB/T 15432—1995）相关规定。

（b）采样前准备与滤膜处理：TSP采样执行《环境空气总悬浮颗粒物的测定重量法》（GB/T 15432—1995）、PM_{10}采样执行《大气飘尘浓度测定方法》（GB 6921—86）、F采样执行《环境空气-氟化物质量浓度的测定 滤膜 氟离子选择电极法》（GB/T 15433—1995）、B[a]P采样执行《环境空气苯并[a]芘测定高效液相色谱法》（GB/T 15439—1995）、Pb采样执行《环境空气铅的测定火焰原子吸收分光光度法》（GB/T 15264—94）相关规定。

③采样

（a）打开采样头顶盖，取出滤膜夹，使用清洁干布擦掉采样头内滤膜夹与滤膜支持网表面灰尘，将采样滤膜毛面向上，平放滤膜支持网上；同时，核查滤膜编号，放上滤膜夹，拧紧螺丝，以不漏气为宜，安好采样头顶盖，启动采样器采样；记录采样流量、开始采样时间、温度和压力等参数。

（b）采样结束后，取下滤膜夹，使用镊子轻轻夹住滤膜边缘，取下样品滤膜，并检查采样过程中滤膜是否有破裂现象，或滤膜上尘的边缘轮廓不清晰现象；若有，则该样品膜作废，需重新采样。

确认无破裂后，将滤膜采样面向里对折两次放入与样品膜编号相同的滤膜袋（盒）中；记录采样结束时间、采样流量、温度和压力等参数。

2. 间断采样

间断采样，指在某一时段或1h内采集一个环境空气样品，监测该时段或该小时环境空气中污染物平均浓度所采用的样品采集方法。

（1）采样频率与时间

环境空气中SO_2、NO_2、NO_x、PM_{10}、$PM_{2.5}$、TSP、B[a]P、氟化物（F）、Pb采样频率与采样时间，应依据《环境空气质量标准》（GB 3095—2012）表4中"污染物浓度数据有效性最低要求"确定；若欲获得1h平均浓度值，样品采集时间应不低于45min；欲获得日平均浓度值，SO_2、NO_2、NO_x、PM_{10}、$PM_{2.5}$累计采样时间应不低于20h（O_3不低于6h/8h），TSP、Pb、B[a]P、F累计采样时间应不低于24h。

环境空气中除上述以外的其他大气污染物采样频率与采样时间，应依据环境监测目的、区域大气污染物浓度一般水平、监测分析方法最低检出限确定。

（2）气态污染物采样

①采样系统组成

气态污染物采样系统由气样捕集装置、滤水井和气体采样器组成。

（a）气样捕集装置：根据环境空气中气态污染物理化特性及其监测分析方法检测限，可采用相应气样捕集装置；通常采用的气样捕集装置，包括装有吸收液的多孔玻璃筛板吸收瓶（管）、气泡式吸收瓶（管）、冲击式吸收瓶、装有吸附剂的采样支管、聚乙烯或铝箔袋、采气瓶、低温冷缩管、注射器等。

当多孔玻板吸收瓶装有10mL吸收液，采样流量0.5L/min时，阻力应为4.7±0.7kPa，且采样时多孔玻板上气泡应分布均匀。

（b）采样器：由流量计、流量调节阀、稳流器、计时器、采样泵、电源等装置组成，采样流量范围0.10～100L/min之间，流量计应不小于2.5级。

②采样前准备

（a）根据监测项目与采样时间，准备待用气样捕集装置或采样器。

（b）按要求连接采样系统，并检查采样系统连接是否正确。

（c）气密性检查，检查采样系统是否有漏气现象；若有，应及时排除或更换新装置。

（d）采样流量校准，启动抽气泵，将采样器流量计指示流量调节至所需采样流量；使用经检定合格的标准流量计，校准采样器流量计。

③采样

（a）将气样捕集装置串联至采样系统中，核对样品编号，并将采样流量调至所需流量，开始采样；记录采样流量、开始采样时间、气样温度、压力等参数；气样温度和压力，可分别使用温度计和气压表现场同步测量。

（b）采样结束后，取下样品，将气体捕集装置进、出气口密封，记录采样流量、采样结束时间、气样温度、压力等参数；按相应项目标准监测分析方法要求，运输和保存待测样品。

（3）颗粒物采样

间断采样时，有关颗粒物采样的采样系统、采样前准备、采样方法同前"24h连续采样（2）颗粒物监测"规定。

3．无动力采样

无动力采样，指将采样装置或气样捕集介质暴露于环境空气中，不需要抽气动力，依靠环境空气中待测大气污染物分子自然扩散、迁移、沉降等作用而直接采集污染物的采样方式。监测结果，可代表一段时间内待测环境空气污染物的时间加权平均浓度或浓度变化趋势。

（1）采样频率与时间

大气污染物无动力采样频率与时间，应根据监测点位环境空气中大气污染物浓度水平、分析方法检出限、不同监测目的确定。通常，硫酸盐化速率、氟化物采样时间为7～30d，若欲获得月平均浓度值，样品采样时间应不小于15d。

（2）硫酸盐化速率

将使用碳酸钾溶液浸渍的玻璃纤维滤膜（碱片）曝露于环境空气中，环境空气中SO_2、硫化氢（HS）、硫酸雾等与浸渍滤膜上的碳酸钾发生反应，生成硫酸盐而被固定的采样方法。

①采样装置

采样装置由采样滤膜和采样架组成。采样架由塑料皿、塑料垫圈、塑料皿支架构成。

（a）塑料皿：高10mm，内径72mm；

（b）塑料垫圈：厚1～2mm，内径50mm，外径72mm；

（c）塑料皿支架：由两块聚氯乙烯硬塑料板（120mm×120mm）成90°角焊接，下面再焊接高30mm、内径78～80mm聚氯乙烯短管，在其管壁互成120°处钻3个螺栓眼，距支架面15mm，使用3个铜螺栓固定塑料皿。

②采样滤膜（碱片）制备

将玻璃纤维滤膜剪成直径70mm圆片，毛面向上，平放150mL烧杯口上，使用刻度吸管在每张滤膜上均匀滴加30%碳酸钾溶液1.0mL，使其扩散直径为5cm。将滤膜置于60℃下烘干，贮存于干燥器内备用。

③采样

将滤膜毛面向外置入塑料皿中，使用塑料垫圈压好边缘；将塑料皿中滤膜面向下，使用螺栓固定塑料皿支架上，并将塑料皿支架固定距地面高3～15m支持物上，距基础面相对高度应大于1.5m，记录采样点位、样品编号、放置时间等。

采样结束后，取出塑料皿，使用锋利小刀沿塑料垫圈内缘刻下直径为5cm样品膜，将滤膜样品面向里对折后放入样品盒（袋）中；记录采样结束时间，并核对样品编号与采样点。

（3）氟化物

环境空气中氟化物采样方法，执行《环境空气 氟化物的测定 石灰滤纸 氟离子选择电极法》（GB/T 15433—1995）规定。

4. 采样系统气体状态参数观测

气体状态参数，指采样气路中气样状态参数，用以计算标准状态下采样体积。主要有：温度观测，观测采样系统中温度计量仪表指示值，其精度为±0.5℃；压力观测，观测采样系统中压力计量仪表指示值，其精度为±0.1kPa。

5. 采样点气象参数观测

在采样过程中，应观测采样点位环境温度、大气压力；有条件时，可观测相对湿度、风向、风速等气象参数：

①环境气温观测，一般所用温度计温度测量范围-40~45℃，精度±0.5℃。

②大气压观测，一般所用气压计测量范围50~107kPa，精度±0.1kPa。

③相对湿度观测，一般所用湿度计测量范围10%~100%，精度±5%。

④风向观测，一般所用风向仪测量范围0°~360°，精度±5°。

⑤风速观测，一般所用风速仪测量范围1~60m/s，精度±0.5m/s。

6. 采样记录与要求

采样人员应及时、准确记录各项采样条件与参数，采样记录内容应完整，字迹清晰、书写工整、数据更正规范；常用采样记录内容与格式，见表2-1。

表2-1　气态污染物现场采样记录表

____市（县）____测点　　　　　　　　　　　　　　　　　　污染物：____

日期	采样时间		样品号	气温/℃	大气压/kPa	采样流量/（L·min⁻¹）	采样体积/L	天气状况
	开始	结束						

采样人员：____　　　　　　　　　　　　　　　　　　审核人员：____

第二节　环境水质样品采集

一、地表水环境样品采集

（一）样品特征

1. 水系复杂性

我国地域辽阔、江河湖库纵横交错、流域和近岸海域面积大、地区间气候带分布不同，长江、黄河、淮河等大型河流横贯诸多省、自治区、市和气候带，尤其长三角、珠三角等河网地区水系和经济发达。地表水系的复杂性和经济社会发展速度与规模，决定了地表水体的生物多样性和水质复杂性。就地表水系宏观环境而言，特大型、大型河流与湖泊因其径流量大，污染物稀释、自净能力较强，水质较优；小型湖库、城乡沟壑，尤其季节性河流湖库，因其径流量小和闸坝人工调控影响，污染物稀释、自净能力较弱，水质较差，有些沟壑甚至常年为污水沟。

2. 水质变异性

各类地表水体是动态变化体，其水量、水质随着大气降水、地表径流、污染源变化而改变。在江河湖库、沟壑、近岸海域等不同地表水体中，某些组分变化规律可能存在一定关系，但有些组分之间却毫无关系，地表水质样品组分的变异性，以及水质样品采集数量，决定了其测定值与真实值接近程度。

一般来说，由某地表水体大量水质样品得到的平均值较为接近其真实值，故而，欲得到更为准确、可靠的地表水质监测结果，必须增加水质样品采集数量；然而，不是地表水质采样数量越多越好，应以尽可能少的地表水质样品得到代表性较好的水质监测结果。

地表水质变异性，可能存在随机变化和周期变化，亦可能是自然变化或人类活动引起的变化；我国江河湖库、沟壑、近岸海域水质变化，是自然与城乡经济社会活动影响的综合表现。

（1）随机变化

地表水质的随机变化无规律可循，多是突发性环境事件引起的，例如：雨季集中降水地表径流污染、突发性环境污染与生态破坏事故等，都可能引发某流域和水体地表水质急剧变化。

（2）周期变化

除地区气候异常及其自然灾害外，地表水循环有一定的周期性规律。地表水体稀释、自净能力与水量、气温、光合作用、污染物排放总量、闸坝人工调控等关系密切，例如：降水量和季节性气温变化、植物季节性生长及其腐殖质致使地表水体组分发生周期性变化，光合作用可引起水中溶解氧（DO）循环周期变化，闸坝人工调控水量、城乡污废水排放影响地表水质变化亦有周期性规律。

3. 水质不均匀性

因河流湖库类型、流域面积、径流量和地区经济社会发展速度、规模不同，其辖域地表水体不同区段的水质不均匀。地表水质的不均匀性，主要类型有：一是某水系由2条以上1~5级支流湖库组成，前者为不混合的夏季湖库垂直热分层现象，后者为污废水入河后的混合现象；二是均匀水体中，某些污染物呈不均匀分布，例如：石油类、动植物油趋于上浮，悬浮性固体则悬浮在水体中间层，总固体趋于下沉；地表水体中不同部位化学与生化反应亦不尽相同，进而引起水质不均匀性；城乡水污染物排入地表水体，引起DO不同程度降低，地表水体表层水藻生长引发pH值变化等。

鉴于具体地表水体的特殊性，必然引起该水体不同区段和不同部位或层位水质样品存在一定差异性，导致具体地表水质样品采集的复杂性。

（二）样品采集

1．采样频率与时间

《地表水和污水监测技术规范》（HJ/T 91—2002）（以下称《水监测规范》）4.2规定：依据不同地表水体环境功能、水文要素和水污染源、水污染物排放等实际情况，力求以最低的采样频率，取得最有时间代表性的水质样品，既满足反映水质状况要求，又切实可行。

①集中式饮用水水源地、省（自治区、直辖市）交界断面中需要重点控制的监测断面，采样不小于1次/月；国控水系、河流、湖泊、水库监测断面，逢单月采样1次，全年采样6次；地表水系背景断面，每年采样1次。

②受潮汐影响的监测断面，分别在大潮期和小潮期采样；每次采集涨、退潮水样，分别测定；涨潮水样应在断面处水面涨平时采样，退潮水样应在水面退平时采样。

③若某必测项目连续3年均未检出，且在断面附近确定无新增排放源，现有污染源排污量未增情况下，采样1次/年测定；必测项目一旦检出，或在断面附近有新排放源或现有污染源有新增排污量时，即恢复正常采样。

④国控监测断面或垂线，采样1次/月，采样日期为每月5～10日内；若遇特殊自然现象，或当发生水环境污染事件时，按"应急监测"采样原则，随时增加采样频率。突发性水环境污染事件应急监测，一般分为事故现场监测和跟踪监测两部分，其采样原则：

（a）现场监测采样

现场监测采样，一般以环境污染事件发生地及其附近区域为主，根据现场具体情况和污染水体特性，布点采样、确定采样频次；江河应在环境污染事件发生地及其下游布点采样，同时，在环境污染事件发生地上游采集对照样品；湖（库）以环境污染事件发生地为中心，按水流方向，在一定间隔的扇形或圆形布点采样，同时采集对照样品。

环境污染事件发生地应设立明显标志，若有必要，则实施环境污染事件发生地现场录像和拍照。

环境污染事件发生地现场应采集平行双样，1份供现场快速测定，1份送回实验室测定；若有必要，同时采集环境污染事件发生地底质样品。

（b）跟踪监测采样

水污染物质进入地表水体后，随着稀释、扩散、降解作用，其浓度会逐渐降低；为掌握环境污染事件发生地污染程度、范围及其变化趋势，在环境污染事件发生后，往往应实施连续跟踪监测，直至地表水体环境恢复正常。

江河污染跟踪监测，根据污染物质性质、数量、河流水文要素等，沿河段设置数个采样断面，并在采样点位设立明显标志；采样频率，根据环境污染事件的污染程度确定。

湖泊与水库污染跟踪监测，应依据实际情况布点，但在出水口和集中式饮用水源取水口处必须设置采样点位；因湖（库）水体一般较稳定，应考虑不同水层采样；采样频率不小于2次/d。

⑤在流域污染源限期治理、限期达标排放计划中和流域受纳污染物总量控制（削减）规划中，以及为此实施的同步监测，执行"流域监测"相关规定。

（a）流域监测原则

流域监测，以掌握流域水环境质量现状及其变化趋势，为流域规划中限期达标的监督检查服务，并为流域管理和区域管理的水污染防治监督管理提供依据。根据流域规划设置的监测断面，一般分为限期达标断面、责任考核断面、省（自治区、直辖市）界断面。

（b）流域同步监测

流域同步监测，根据管理需要组织全流域监测站，在大致相同时段内实施主要控制项目的监测。由国务院环境保护行政主管部门统一组织，国家级环境监测机构（中国环境监测总站）负责点位（断面）认证、监测全程序技术指导、监测资料审核汇总和报告编写；监测期间，国家级环境监测机构派专家赴重点地区现场监督、技术指导，相关省级、地级市、县级环境监测机构负责具体实施本地区同步监测工作。

流域常规监测1次/月，实施时间由国家级环境监测机构与流域网长单位、相关省级环境监测机构协商确定；同步监测频率，根据需要确定。

（c）流域监测项目

流域监测，以常规水质监测项目为主，结合流域管理需要、区域污染源分布、污染物排放特征等适当增减监测项目，并经环境保护行政主管部门审批。每次流域同步监测中，pH值、高锰酸盐指数（COD_{Mn}）、化学需氧量（COD_{cr}）、氨氮（$NH_3\text{-}N$）、砷（As）、汞（Hg）、石油类、总氮、总磷为必测项目；湖库监测，增加叶绿素α。

（d）流域污染物通量监测

增加采样频次并测量流量，以平均浓度和流量计算污染物通量，亦可用多个瞬时浓度积分计算污染物通量；流量测量，将监测断面分成若干区间分别测量后求积，亦可将流速仪法简化成两点法测量。

⑥为配合局部水流域的河道整治，及时反映整治的效果，应在一定时期内增加采样频次，具体由整治工程所在地方环境保护行政主管部门制定。

2．水质样品采集

（1）采样前准备

《水监测规范》4.2.3规定：地表水质样品采集前，主要任务有：一是确定采样负责人：主要负责制订水质采样计划，并组织实施；二是制订采样计划：首先，采样负责人应充分了解监测目的和要求，监测断面周围环境，熟悉采样方法、现场测定技术、水样容器洗涤、样品保存技术，采样计划主要内容：采样垂线、采样点位、测定项目与数量（其中：现场测定项目）、采样质量保证、采样时间与路线、采样人员分工、采样器材与交通工具、安全保障措施等；三是采样器材与现场测定仪器准备：采样器的材质和结构应符合《水质采样器技术要求》中相关规定，新启用容器，应事先作更充分的清洗，容器应做到定点、定项；已用容器的一般洗涤与水样保存方法。

（2）采样方法

①采样器：地表水质样品采集，常用采样器主要有：聚乙烯塑料桶、单层采水瓶、直立式采水器、自动采样器。

②采样量：通常地表水质监测采集瞬时水样，水样量应考虑重复分析和质量控制需要，并留有余地。

③水样保存：在水样采入或装入容器后，加入规定的保存剂。

④石油类样品：采样前，首先破坏可能存在的油膜，使用直立式采水器，将玻璃材质容器安装于采水器支架中，将其置入300mm深度，边采水边向上提升，在到达水面时剩余适当空间。

⑤现场测定项目：（a）水温：使用经检定的温度计，直接插入采样点水中测量；深水温度，使用电阻温度计或颠倒温度计测量，温度计应在测点放置5～7min，待测得水温恒定不变后读数；（b）pH值：使用精度0.1的pH计测定，测定前应清洗和校正pH计；（c）溶解氧（DO）：使用膜电极法测定，防止膜上附着微气泡；（d）透明度：使用塞氏盘法测定；（e）电导率：使用电导率仪测定；（f）氧化还原电位：使用铂电极和甘汞电极，以mV计或pH计测定；（g）浊度：使用目视比色法或浊度仪测定；（h）感官指标描述：使用相同比色管，分取等体积水样和蒸馏水作比较，进行颜色定性描述，现场记录水中气味（嗅）、水面有无油膜等；（i）水文参数：水文测量执行《河流流量测验规范》（GB 50179—93），潮汐河流各监测点位采样时，应同时记录潮位；（j）气象参数：主要观测气温、气压、风向、风速、相对湿度、天气状况等。

⑥注意事项：采样时，不可搅动水底沉积物，应保证采样点位置准确，必要时使用GPS定位；认真填写《水质采样记录表》，使用签字笔填写现场记录，字迹端正、清晰，项目完整；保证采样按时、准确、安全；采样结束前，应核对采样计划、记录与水样，若有错误或遗漏，立即补采或重采；若采样现场水体不均匀，无法采集有代表性样品，应详细记录不均匀和实际采样情况，供使用该数据者参考，并向环境保护行政主管部门反映现场情况。

测定石油类水样，应在水面至300mm单独采集柱状水样，全部用于测定，且采样瓶（容器）不得使用采集的水样冲洗；测定溶解氧（DO）、生化需氧量（BOD_5）和有机污染物等项目时，水样必须注满容器，上部不留空间，并有水封口。测定湖库水中COD_{Mn}、COD_{cr}、总氮、总磷、叶绿素α时，水样静置30min后，使用吸管一次或多次移取水样，吸管进水嘴尖应插至水样表层50mm以下位置，再加入保存剂保存；测定SS、DO、BOD₅、硫化物、石油类、余氯、粪大肠菌群、放射性等项目，应单独采样。

若水样中含沉降性固体，例如泥沙等，应分离除去。分离方法：将所采水样摇匀后倒入筒形玻璃容器，例如：1～2L量筒，静置30min，将不含沉降性固体但含悬浮性固体的水样移入盛样容器，并加入保存剂。

（3）采样记录与运输

在《水质采样记录表》中，认真填写采样现场描述与现场测定项目等相关内容。凡可现场测定项目，均应在采样现场测定；水样运输前，应将容器内外盖旋紧；装箱时，使用泡沫塑料等分隔，以防水样破损；箱体应有"切勿倒置"等明显标志，同一采样点样品瓶，尽可能装在同一箱中；若分装若干个箱内，各箱内均应有同样采样记录表；运输前，检查所采水样是否已全部装箱；运输时，有专门押运人员；水样移交分析化验部门时，应认真办理交接手续。

二、地下水环境样品采集

《地下水环境监测技术规范》（HJ/T 164—2004）（以下称《地下水监测规范》）3规定了地下水采样原则、采样频率与时间、采样前准备、采样方法、采样记录等项内容。

（一）采样频率与时间

1. 采样频率确定原则

依据不同水文地质条件和地下水监测井使用功能，结合当地污染源及其污染物排放实际情况，力求以最低采样频率，取得最有时间代表性的样品，达到全面反映区域地下水质状况、污染原因和规律之目的。为反映地表水与地下水的水力联系，地下水采样频率与时间尽可能与地表水相一致。

2. 采样频率与时间

背景值监测井和区域性控制的空隙承压水井，枯水期采样1次/年；污染源控制监测井逢单月采样1次，全年采样6次；集中式生活饮用水地下水源监测井，采样1次/月。

污染源控制监测井某一监测项目，如果连续2年测定值均小于控制标准值1/5，且监测井附近确实无新增污染源和现有污染源未增加排污量情况下，该项目枯水期采样1次/年；一旦监测结果大于控制标准值1/5，或监测井附近有新增污染源或现有污染源新增排污量时，即恢复正常采样频率。

同一水文地质单元的监测井采样时间应尽可能相对集中，采样日期不宜跨度较大；若遇特殊情况或出现突发性环境污染事件，可能影响地下水水质时，应随时增加采样频率。

（二）水样采集技术

1. 采样前准备

《地下水监测规范》3.2.1规定：地下水采样前准备，主要有：一是确定采样负责人：主要负责制订采样计划并组织实施；二是制订采样计划：首先，采样负责人应了解监测目的和要求，监测井周围环境，熟悉采样方法、现场测定技术、水样容器洗涤、样品保存技术，采样计划主要内容：采样目的、监测井位、监测项目（含现场测定项目）、采样数量、采样时间与路线、采样人员与分工、采样质量保证、采样器材与交通工具、安全保障措施等；三是采样器材与现场监测仪器准备：采样器，主要指采样器和水样容器；采样器的材质和结构，应符合《水质采样器技术要求》中相关规定。

（1）采样器

地下水水质采样器分为自动式与人工式两类。自动式，使用电动水泵采样；人工式，分为活塞式与隔膜式采样器，可按要求选用。地下水水质采样器，应能在监测井中准确定位，并可取到足够量的代表性水样。

（2）水样容器选择与清洗

水样容器选择原则：容器不得引起新的玷污，容器壁不应吸收或吸附某些待测组分，容器壁不应与待测组分发生反应，可严密封口且已于开启，容易清洗并可反复使用。

（3）现场监测仪器

水位、水量、水温、pH值、电导率、浑浊度、色、臭、味等现场监测项目，应在实验室内准备好所需仪器设备，安全运输至监测现场，使用前检查，确保其性能正常。

2. 水样采集方法

（1）地下水水质监测，通常采集瞬时水样；需要测量水位的井水，采样前应首先测量地下水位。

（2）从水井中采集水样，必须充分抽吸后采集；抽吸水量不得少于井内地下水体积的2倍，采样深度应在地下水水面0.5m以下，确保水样能代表地下水水质。

（3）封闭的生产井，可在抽水时由水泵房出水管放水阀处采样，采样前应将抽水管中存余水量放净；自然喷出地表的泉水，可在涌水处出口水流中心采样；采集不自喷泉水时，将滞留在抽水管的积水汲出，新鲜水更替后再行采样。

（4）地下水采样前，除BOD_5、有机污染物、细菌类检测项目外，首先应使用采样水荡洗采样器和水样容器2~3次；测定DO、BOD_5、挥发性与不挥发性有机污染物水样，采样时，水样必须注满容器，上部不留空隙，但准备冷冻保存的样品不可注满容器，否则，水样冷冻后，因水样提及膨胀使容器破裂；测定DO水样采集后，现场固定，盖好瓶塞后需用水封口；测定BOD_5、硫化物、石油类、重金属、细菌类、放射性等项目的水样，应分别单独采样。

（5）地下水监测项目所需水样采集量，已考虑重复分析和质量控制需要，并留有余地；水样采入或装入容器后，立即按要求加入保存剂；采样结束前，应核对采样计划、采样记录与水样数量，若发生错采或漏采，应立即重新采集或补采地下水样品。

3. 水样采集记录

地下水样品采集后，立即将水样容器（瓶）盖紧、密封、粘贴标签，标签一般应包括：监测井号、采样日期与时间、监测项目、采样人等；使用墨水笔或签字笔，现场填写地下水采样记录表，字迹端正、清晰，各栏内容填写齐全。

地下水采样记录，包括采样现场描述和现场测定项目记录两部分内容，采样人员必须认真填写。

三、近岸海域环境样品采集

《近岸海域环境监测规范》（HJ 442—2008）（以下称《近岸海域监测规范》）9.1规定了近岸海域水质监测频率与时间、监测项目、样品采集与管理等三项内容。

（一）监测频率与项目

《近岸海域监测规范》9.1.2规定：近岸海域水质监测频率：一般2～3次/年；监测日期：3—5月、7—8月、10月。

1. 必测项目

水深、水温、盐度、pH值、悬浮物（SS）、溶解氧（DO）、化学需氧量（COD_{cr}）、生化需氧量（BOD_5）、活性磷酸盐、无机氮（氨氮、硝酸盐氮、亚硝酸盐氮）、非离子氨、石油类、汞、镉、铅、铜、锌、砷；

2. 选测项目

天气、海况、风向、风速、气温、气压、色、嗅、味、浑浊度、透明度、漂浮物质、硫化物、氯化物、活性硅酸盐、总有机碳、挥发酚、氰化物、总铬、六价铬、镍、硒、铁、锰、粪大肠菌群、阴离子表面活性剂、六六六、滴滴涕、有机磷农药、苯并[a]芘、多氯联苯、狄氏剂。

（二）样品采集与管理

1. 采样准备

《近岸海域监测规范》9.1.4规定：海水采样器应具良好注充性和密闭性，材质耐腐蚀、无玷污、无吸附，可在恶劣气候与海况下操作；一般来说，可使用抛浮式采水器采集石油类样品，Niskin球盖式采水器采集表层水样，GO-FLO阀式采水器分层采样，亦可结合CTD参数监测器联用的自动控制采水系统采集各层水样。

2. 采样层次

《近岸海域监测规范》9.1.4.2规定的海水采样层次，见表2-2。

表2-2　近海岸海域海水采样层次

水深范围/m	标准层次/m
<10	表层水
10～25	表层水，底层水
>25	原则分3层，可视水深酌情加层

说明：表层，指海面以下0.1～1.0m；底层，河口与港湾海域最好取距海底2m水层，深海或大浪时可酌情增大与海底距离。

3．样品采集

《近岸海域监测规范》9.1.4.3规定的海水样品采集方法有：一是项目负责人或首席科学家负责和船长协调与海上作业、船舶航行的关系，在保证安全的前提下，航行应满足监测作业的需要；二是依据环境监测方案要求，获取样品和资料；三是水样分装顺序基本原则是：不过滤的样品首先分装，需要过滤的样品后分装，一般来说，按SS、DO、BOD$_5$→pH→营养盐→重金属→COD$_{cr}$→有机污染物→叶绿素α→浮游植物（水采样）顺序分装样品；若COD$_{cr}$、Hg需测试非过滤态，则按S、DO、BOD$_5$→pH→有机污染物→Hg→pH→盐度→COD$_{cr}$→营养盐→其他重金属→叶绿素α→浮游植物（水采样）顺序分装样品；四是在规定时间内完成海上现场检测样品，同时做好非现场检测样品预处理。

海水采样时，应注意：在大雨或特殊气象条件下，应停止海上采样工作；采样船到站前20min，停止排污和冲洗甲板，关闭厕所通海管路，直至监测作业结束；严禁用手玷污所采样品，防治样品瓶塞（盖）玷污，观测和采样结束，立即检查有无遗漏，再通知船舶起航；遇有赤潮和溢油等情况，应按应急监测等规定，要求跟踪监测。

4．样品标准和记录

海水采样前应做好样品瓶唯一性标记，采样瓶注入样品后，应立即将样品信息在采样记录表中详细记录、内容齐全；原始记录表应统一编号、字迹端正、不得涂改，需要改正时，在错误数据上画一横线，将正确数据填写其上方，并在其右下方盖章或签名，不得撕页；海上现场监测原始记录应使用硬质铅笔书写，以免被海水沾糊；原始记录必须有填表人、测试人、校核人签名，并随同监测结果报出；低于检测限的测试结果，使用"最低检出限（数据）"表示。

5．样品保存与运输

（1）基本要求：抑制微生物、减缓化合物或络合物水解与氧化还原作用，减少组分挥发或吸附损失，防止玷污。

（2）保存方法：海水样品保存方法有三：一是冷藏（冻）法——样品在4℃冷场或将水样迅速冷冻，暗处贮存；二是充满容器法——采样时应使样品充满容器，盖紧瓶塞，加固不使其松动；三是化学法——加入化学试剂、控制溶液pH值，加入抗菌剂、氧化剂、还原剂。水样保存具体要求。

（3）样品运输：①样品装运前必须逐件与样品登记表、样品标签、采样记录核对，无误后分类装箱；②塑料容器应拧紧内外盖，贴好密封袋；③玻璃瓶应拧紧磨口塞，再用铝箔包裹，样瓶包装应严密，装运中耐颠簸；④使用隔板隔离玻璃容器，充填样品装运箱空隙，使箱内容器牢固；⑤DO样品应用泡沫塑料等软物质充填样品箱，防止振动和曝气，并冷藏运输；⑥不同季节应采取不同的保护措施，保证样品运输环境条件，装运液体样品容器其侧面应粘贴"此端向上"标签，"易碎-玻璃"标签应粘贴箱顶；⑦样品运输应附清单，注明：实验室分析项目、样品种类、样品数量等；⑧做好样品交接、保存、清理过程记录；⑨设置专项样品保管室，由专人负责样品与相应采样记录交接，及时做好样品保存与分析测试过程结束后废样品清理工作。

第三节 土壤底质样品采集

一、土壤环境样品采集

土壤指陆地上可生长作物的疏松表层，由固、液、气相组成，其主体是固体，具多孔体的机械截留、吸附和生物吸附性，易接受环境中各类污染物且流动、迁移、混合较困难。

一般认为，土壤（含底质）采样误差，对土壤环境监测结果的影响往往大于分析测定误差；欲获取具有代表性土壤样品，其样品采集管理不可忽视。

（一）监测项目与频率

《土壤环境监测技术规范》（HJ/T 166—2004）（以下称《土壤监测规范》）4.5规定：土壤环境监测项目分为常规项目、特定项目、选测项目，监测频率与其相应。

1. 常规项目：原则为《土壤环境质量标准》（GB 15618—1995）中要求控制的污染物。

2. 特定项目：GB 15618—1995中未要求控制的污染物，但根据当地环境状况，确认在土壤中积累较多、环境危害较大、影响范围广、毒性较强的污染物，或者环境污染事件造成土壤环境严重不良影响的物质。

3. 选测项目：一般来说，包括新纳入并在土壤中积累较少的污染物、因环境污染导致土壤性状发生改变的土壤性状指标，以及生态环境指标等。

土壤环境监测项目与频率，见表2-3。

表2-3 土壤环境监测项目与频率

项目类别		监测项目	监测频率
常规项目	基本项目	pH、阳离子交换量	1次/3年，农田夏或秋收后采样
	重点项目	镉、铬、汞、砷、铅、铜、锌、镍、六六六、滴滴涕	
特定项目（污染事故）		特征项目	及时采样，根据污染物变化趋势决定监测频率
选测项目	影响产量项目	全盐量、硼、氟、氮、磷、钾等	1次/3年，农田夏或秋收后采样
	污水灌溉项目	有机质、硫化物、挥发酚、氰化物、六价铬、烷基汞、苯并[a]芘、石油类等	
	POPs与高毒类农药	苯、挥发性卤代烃、有机磷农药、PCB、PAH等	
	其他项目	结合态铝（酸雨区）、硒、钒、氧化稀土总量、铜、铁、锰、镁、钙、钠、铝、硅、放射性比活度等	

土壤环境监测频率，原则执行表2-3规定；常规监测项目可结合当地实际，适当降低监测频率，但不低于1次/5年；选测项目，可结合当地实际，适当提高监测频率。

（二）土壤样品采集

《土壤监测规范》中6规定：土壤环境样品采集，一般来说，应有以下三个阶段：

第一阶段，前期采样：根据背景资料与现场踏勘结果，采集一定数量的样品分析测定，用于初步验证污染物空间分异性和判断土壤污染程度，制定土壤环境监测方案，即：选择布点方式、确定监测项目、样品数量提供依据，前期采样可与现场调查同步实施。

第二阶段，正式采样：根据《土壤环境监测方案》相关要求，采样人员实施拟定环境监测区域现场土壤样品采集。

第三阶段，补充采样：正式采样测试后，发现土壤环境监测样点未满足总体设计需要，必须增设采样点位，补充采样。面积较小的土壤环境污染调查、突发性土壤环境污染事件调查，可结合实际情况，直接采样。

1. 区域环境背景土壤采样

在拟定采样点位，可采表层土样或土壤剖面。一般土壤环境监测，采集表层土，采样深度0～20cm；土壤背景、环境评价、突发性环境污染事件等特殊要求监测，必要时选择部分采样点位，采集土壤剖面样品，一般土壤剖面规格为长1.5m、宽0.8m、深1.2m；挖掘土壤剖面应使观察面向阳，表土和底土分两侧堆置。

一般来说，每个土壤剖面采集A、B、C三层土样；地下水位较高时，土壤剖面挖至地下水出露时为止；山地、丘陵土层较薄时，土壤剖面挖至风化层；B层发育不完整（不发育）的山地土壤，仅采集A、C两层；干旱地区，土壤剖面发育不完善的土壤，在表土层5～20cm、心土层50cm、底土层100cm左右采样。

水稻土，按A耕作层、P犁底层、C母质层或G潜育层、W潜育层分层采样，P层太薄的剖面，仅采集A、C两层或A、G层或A、W层；A层特别深厚，沉积层不甚发育，1m内见不到母质的土类剖面，按A层5～20cm、A/B层60～90cm、B层100～200cm采集土壤；草甸土、潮土，一般在A层5～20cm、C_1层或B层50cm、C_2层100～120cm处采样。

土壤采样顺序自下而上，先采集剖面的底层样品，再采集中层样品，最后采集上层样品；测量重金属的样品，尽可能使用竹片或竹刀去除与金属采样器接触的部分土壤，再用竹片或竹刀取样。

土壤剖面，每层样品采集1kg左右，装入样品袋；一般样品袋由棉布缝制而成，若是潮湿样品，可内衬塑料袋（供无机化合物测定）或将样品置于玻璃瓶内（供有机化合物测定）。

在采集土壤样品的同时，由专人填写样品标签、采样记录；标签一式两份，一份放入袋中，一份系在袋口，标签应标注采样时间、地点、样品编号、监测项目、采样深度、经纬度。

采样结束后，需逐项检查采样记录、样袋标签和土壤样品，若有缺项和错误，及时补齐更正；将底土和表土按原层回填至采样坑中，方可离开现场，并在采样示意图上标出采样地点，避免下次采集相同处剖面土样。

2. 农田土壤采样

（1）剖面样品

特定调查研究监测，需了解污染物在土壤中垂直分布时，采集土壤剖面样，采样方法同"区域环境背景土壤采样"。

（2）混合样品

一般来说，农田土壤环境监测采集耕作层土样，种植一般农作物采集0～20cm，种植果林类农作物采集0～60cm；为保证土壤样品代表性，降低监测费用，采取采集混合样方案，即：每个土壤单元设3～7个采样区，单个采样区可以是自然分割的一个田块，也可由多个田块构成，范围以200m×200m左右为宜，每个采样区的样品为农田土壤混合样，主要方法：

①对角线法：适用于污灌农田土壤，对角线分5等份，以等分点为采样分点；

②梅花点法：适用于面积较小，地势平坦，土壤组成和污染程度相对比较均匀的地块，设分点5个左右；

③棋盘式法：适宜中等面积、地势平坦、土壤不够均匀的地块，设分点10个左右；受污泥、垃圾等固体废物污染的土壤，分点应在20个以上；

④蛇形法：适宜面积较大、土壤不够均匀且地势不平坦的地块，设分点15个左右，多用于农业污染型土壤；各分点混匀后，用四分法取1kg土样装入样品袋，多余

部分弃去；样品标签和采样记录等要求同"区域环境背景土壤采样"。

3．建设项目土壤环境评价监测采样

（1）非机械干扰土

如果建设项目工程施工或工业企业生产未翻动土层，表层土受污染可能性最大，但不排除对中下层土壤影响。工业企业生产或即将生产导致的污染物，以生产工艺废水、废气、固体废物等形式污染周围土壤环境，采样点位以污染源为中心放射状设点为主，在主导风向和地表水径流方向适当增加采样点（与污染源距离远于其他采样点位）；以水污染型为主的土壤按水流方向带状布点，采样点位自排污沟口起由密渐疏；综合污染型土壤监测布点，采用综合放射状、均匀、带状布点法，此类监测不采混合样；混合样虽能降低监测费用，但缺失污染物空间分布信息，不利于掌握建设项目工程施工、工业企业生产对土壤的影响状况。

表层土样采集深度0～20cm；每个柱状样取样深度均为100cm，分取3个土样：表层样（0～20cm），中层样（20～60cm），深层样（60～100cm）。

（2）机械干扰土

由于建设项目工程施工或工业企业生产中，土层受到翻动影响，污染物在土壤中的纵向分布不同于非机械干扰土。

采样点位设置，同"非机械干扰土"；各采样点取1kg土样装入样品袋，样品标签和采样记录等要求同"区域环境背景土壤采样"；采样总深度由实际情况而定，一般同土壤剖面样采样深度，确定采样深度有3种方法供参考。

①随机深度采样

该采样方法适用于土壤污染物水平方向变化较小的土壤环境监测单元，采样深度由下式计算：

$$深度 = 剖面土壤总深 \times RN \tag{2-1}$$

式中：RN=0～1之间的随机数；RN由随机数骰子法产生，《随机数的产生及其在产品质量抽样检验中的应用程序》（GB/T 10111—2008）推荐的随机数骰子是由均匀材料制成的正20面体，在20个面上，0～9各数字均出现2次，使用时，根据需产生的随机数的位数选取相应骰子数，并规定好每种颜色骰子各代表的位数；《土壤监测规范》使用1个骰子，其出现的数字除以10即为RN，当骰子出现数为。时，规定此时RN为1。

②分层随机深度采样

该采样方法适用于绝大多数土壤采样，土壤纵向（深度）分三层，每层采1个样品，每层采样深度由下式计算：

$$深度 = 每层土壤深 \times RN \tag{2-2}$$

式中：RN=0～1之间的随机数，取值方法同式2-1中RN取值。

③规定深度采样

该采样方法适宜预采样（为初步了解土壤环境污染随深度变化，制定土壤环境监测采样方案）和挥发性有机物监测采样，表层土多采集样品，中下层土等间距采样。

4. 城市土壤采样

城市土壤是城市生态环境的重要组成部分。虽然城市土壤不用于农业生产，但其环境质量对城市生态系统影响极大。城区内大部分土壤被道路和建（构）筑物覆盖，仅有小部分土壤由植被覆盖，《土壤监测规范》中城市土壤主要指后者；因其复杂性，分两层采样，上层（0～30cm）可能是回填土或受人为影响大的土壤，另一层（30～60cm）为人为影响相对较小部分，两层分别取样监测。

城市土壤监测点位，以网距2000m的网格布点为主，功能区布点为辅，每网格设1个土壤采样点位。各类专项研究或专项调查中土壤监测采样点位，可适当加密。

5. 污染事件监测土壤采样

突发性环境污染事件不可预料，接到举报后立即组织土壤采样。现场调查和勘查，取证土壤被污染时间，根据污染物及其土壤影响，确定监测项目，尤其污染事件的特征污染物是监测重点。依据污染物色度、印渍、味（嗅），结合地形、地貌、风向、风速等因素，初步界定污染事件对土壤的污染范围。

（1）若是固体污染物抛洒污染型，待清扫后，采集表层5cm土样，采样点数不小于3个。

（2）若是液体倾翻污染型，污染物流入低洼处的同时，向深度方向渗透并向两侧横向扩散，则每个土壤监测点位分层采样；距事发地土壤样品点位应较密，采样深度较深，距事发地相对远处土壤样品点位应较疏，采样深度较浅，土壤采样点位不小于5个。

（3）若是爆炸污染型，以放射线同心圆方式布点监测，土壤采样点位不小于5个；爆炸中心应分层采样，周围采集表层土（0～20cm）。

（4）污染事件土壤监测，应设置2～3个对照点，各点（层）取1kg土样装入样品袋，有腐蚀性或需测定挥发性化合物时，改用广口瓶盛装土样；含易分解有机物的待测定土壤样品，采集后置于低温（冰箱）中，直至运送、移交实验室。

6. 样品流转

（1）装运前核对：在采样现场，土壤样品必须逐件与采样登记表、样品标签、采样记录核对，无误后分类装箱。

（2）运输中防损：运输过程中，严防土壤样品损失、混淆、玷污；光敏感样品，应有避光外包装。

（3）样品交接：由专人将土壤样品送实验室，送样者和接样者双方同时清点核实样品，并在样品交接单签名确认。

二、底质环境样品采集

底质或沉积物，是矿物质、岩石、土壤的自然侵蚀产物、生物过程的产物，有机质的降解物、水污染物与河床母质等随水流迁移而沉积在地表水体底部堆积物的统称，蓄积了各类污染物，显著表现水环境的物理、化学、生物污染现象，可记录某水环境污染历史，反映难降解污染物累计特征。

（一）地表水底质采样

《水监测规范》4.3指出，底质监测样品，主要用于了解地表水体中易沉降、难降解污染物的累积情况。

1．底质样品采集

底质采样点位，通常为地表水质采样垂线正下方，当正下方无法采样时，可略作移动，移动情况应在采样记录表中详细注明；底质采样点位应避开河床冲刷、底质沉积不稳定，以及水草茂盛、表层底质易受搅动处；湖泊与水库底质采样点位，一般应设在主要污染源排放口与湖泊或水库水体混合均匀处。

2．采样量与容器

通常底质采样量1～2kg，一次采样量不足时，可在周围采集若干次，并将样品混匀，剔除样品中砾石、贝壳、动植物残体等杂物；在较深水域，一般常用掘式采泥器采样；在浅水区或干涸河段，使用塑料勺或金属铲等即可采样；在样品尽可能沥干水分后，使用塑料袋包装或用玻璃瓶盛装；供测定有机物的样品，使用金属器具采样，置于棕色磨口玻璃瓶中，瓶口不应沾污，以保证磨口塞可塞紧。

3．采样记录与交接

底质样品采集后应及时将样品编号，贴标签，并将底质外观性状如泥质状态、颜色、嗅味、生物现象等情况填入采样记录表。采集的样品和采样记录表运回后一并交实验室，并办理交接手续。

（二）海水沉积物采样

《近岸海域监测规范》9.2规定了近岸海域海水沉积物监测频率与时间、监测项目、样品采集与管理等三项内容。

1．监测频率与项目

近岸海域海水中沉积物监测样品采集，一般1次/2年，采样日期：5—8月份。

（1）必测项目：粒度、总磷、总氮、有机碳、石油类、汞、镉、铅、锌、铜、砷、六六六、滴滴涕。

（2）选测项目：色、臭、味、氧化还原电位、废弃物及其他、硫化物、大肠菌群、粪大肠菌群、多氯联苯、沉积物类型等。

2．样品采集与管理

（1）样品采集

①采样器材准备

根据不同需要，沉积物可使用掘式（抓式）采样器、锥式（钻式）采样器、管式采样器、箱式采样器采样，一般采样器要求钢材强度高、耐磨性能较好，使用前应去除油脂并清洗干净。

掘式（抓式）采样器，适用于采集较大面积表层样品；锥式（钻式）采样器，适用于采集较少的沉积物样品；管式采样器，适用于采集柱状样品；箱式采样器，适用于大面积、一定深度沉积物样品采集。

一般来说，辅助器材包括：电动或手摇绞车、木质或塑料接样盘、塑料刀、塑料勺、烧杯、采样记录表、塑料标签卡、铅笔、记号笔、钢卷尺、接样箱等。

②容器选择与处理

贮存沉积物样品的容器，主要为广口硼硅玻璃瓶、聚乙烯袋、聚苯乙烯袋，其中：聚乙烯与聚苯乙烯袋适用于痕量金属样品贮存。湿样待测项目、硫化物等样品贮存，不得使用聚乙烯袋，可用棕色广口玻璃瓶。

用于分析有机物的沉积物样品应置于棕色玻璃瓶中，瓶盖衬垫洁净铝箔或聚四氟乙烯薄膜。聚乙烯袋强度有限，使用时，可用两个新袋双层加固，不得有任何标志或字迹。

沉积物采集样品容器使用前，须用（1+2）硝酸浸泡2～3d，再用去离子水清洗、晾干。

③表层样品采集

表层沉积物样品，一般使用掘式采泥器采集，亦即：将采泥器与钢丝绳末端连接，检查是否牢固，测量采样点水深；慢速启动绞车，提起已张口采样器，扶送缓慢入水，稳定后常速深入至距底3～5m处，全速入底部，然后，慢速提升采泥器，离地后快速提升；将采泥器降至采样盘上，打开采泥器耳盖，倾斜采泥器使上部水缓慢流出，再定性描述和分装。

表层沉积物的分析样品，一般取上部0～2cm沉积物，采样量见表2-4。若一次采样量不足，应再次采样。

④柱状样采集

垂直断面沉积物样品，使用重力采样器采集，亦即：船舶驶至采样点后，首先采集表层沉积物样品，以了解沉积物类型，若为砂质，则不宜采集柱状样品；将采样管与绞车连接好，检查是否牢固；缓慢启动绞车，手扶采样管下端，小心送至船舷外，再用钩将其置入水中；待采样管在水中停稳后，按常速将其降至距底5～10m处，视重力和沉降物类型而定，再以全速砸入沉积物中；缓慢提升采样管，离开沉积物后再快速提升至水面，出水面后减速提升，待采样管下端高于船舷后立即停车，使用铁钩钩住管体，将其转入船舷内，平放甲板上；小心倾倒采样管上部积水，测量采样深度，再将柱状样品缓缓挤出，按顺序接放在接样箱上，定性描述和处理，清洗采样管备用；若柱状样品长度不足或重力采样管斜插入沉积物时，视情况重新采样。

沉积物柱状样品，大多用于环境科研监测。根据采样区域沉降速率与研究课题要求，对样柱分段。一般来说，样柱上部30cm内按5cm间隔、下部按10cm间隔（>1m

时酌定），使用塑料刀分段；并根据研究课题要求，对每段样品按纵向分成若干份，实施相应项目的监测分析。

（2）样品现场描述

沉积物样品分装前，及时作好沉积物色、嗅、厚度和沉积物类型等现象描述，并详细记录。

（3）样品标志和记录

采样前，沉积物样品瓶应编号；装样后贴标签，使用记号笔，将站号写在容器上，以免标签脱落混乱样品；塑料袋表面需贴胶布，使用记号笔注明站号，并将写好的标签放入袋中、扎口封存，认真做好采样记录。

（4）样品保存与运输

根据沉积物样品保存条件，实施样品封装和保存；盖紧样品容器盖，避免任何玷污或蒸发。运输时，应防止沉积物样品容器破裂（见表2-4）。

表2-4 沉积物样品采样量与保存条件

项目	样品量/g	贮存容器	贮存条件	保存时间
粒度*	50	PE、PS	<4℃	180d
氧化还原电位	-	PE、PS	立即测定	
硫化物*	40	G-W（S），TFE	<4℃，充氮气	14d
有机碳，石油类	40	G-W（S），TFE	<4℃	7d
多氯联苯	40	G-W（S），TFE	<4℃	14d
有机氯农药	40	G-W（S），TFE	<4℃	14d
汞*	50	P-W，G-W	<4℃	14d
其他重金属	100	P-W，G-W	<4℃	80d

说明：PE——聚乙烯；PS——聚苯乙烯；G-W——广口玻璃瓶；P-W——广口塑料瓶；（S）——溶剂洗涤；TFE——衬帽；*为湿样测定。

第四节 环境生物样品采集

一、陆地生物样品采集

《生物遗传资源采集技术规范（试行）》（HJ 628—2011）规定了中国野生生物遗传资源——动物、植物、大型真菌等的采集程序、技术规程与注意事项等。采集生物遗传资源的基本程序，包括：采样前准备、实地采集、样品处理和贮存、记录等。

（一）采样前准备

1. 采集国家重点保护野生动物、野生植物的遗传资源（见《国家重点保护野生动物名录》和《国家重点保护野生植物名录（第一批）》），应按国家相关法律法规的规定，向相关主管部门提出申请；需要在自然保护区内采集遗传资源，应向保护区管理机构提出申请，获得批准后方可实施采集。

2. 采集重点保护和濒危生物遗传资源前，应充分研究其形态、生理和分布，避免因采集活动造成不可挽回的破坏。

3. 采集生物遗传资源前，应制定完备的采样方案，了解野生生物分布区域，依据当地自然状况，制定采集路线图，避免漫无目的的采集活动，破坏自然栖息地。

4. 生物遗传资源采集路线，应采取从生物种群（居群）分布边缘向中心地带推进方式，优先采集生物种群（居群）边缘分布的个体；若在保护区内采集，应按实验区、缓冲区顺序行进。

（二）采样人员

应对采样人员进行专门培训，使其掌握目标采集生物物种的分类学、形态学知识，以及野生动物生活习性、栖息环境、捕捉技巧等。

（三）采样器料

1. 野生动物捕捉工具，包括：捕捉网、自制陷阱、麻醉枪（针）等，应依据采集对象选择。

2. 野生动物处理器材，包括：医用或科学实验级剪刀、解剖刀、镊子、带帽塑料试管或离心管、带帽广口瓶、滴管、封口塑料袋、锡箔盒、乳胶手套、手摇离心机等；样品采集前，采样器材应洗净并消毒，避免污染组织和传染疾病。

3. 生物采样记录工具，包括：记号笔、标签纸、铅笔等。

4. 生物处理和贮存材料，包括：蒸馏水、液氨、干冰、90%～100%乙醇、DNA缓冲液、抗凝剂等。

（四）采样方式与对象

生物遗传资源采集时，应首先选择非损伤性取样；可通过搜集动物脱落的毛发和羽毛、粪便、食物残渣、卵壳、蛹壳等样品，从样品残留细胞中提取遗传资源。无法进行非损伤性取样或需要较高质量遗传资源时，可采取非损伤性取样，除非特殊需要不得进行伤害性取样。各生物类群的常用非损伤性取样方法如下：

1. 哺乳动物：大型哺乳动物，可用麻醉枪击捕捉；小型哺乳动物，例如：啮齿类动物等可用捕笼活捉，再用麻醉针麻醉。捕捉到哺乳动物后，采集带有毛囊的毛发或自颈（耳）静脉采血；采集对象，以成熟个体为主，尽可能不捕获幼体或繁殖期、哺乳期的母体。

2．鸟类：可采取网捕鸟类，根据鸟类体型变化，确定网眼大小；依据鸟类生活习性，选择其经常出没的林缘、水域、草地等设点张网捕获；捕捉到鸟类后，采集羽毛或自翅（腿）采血。

3．两栖与爬行动物：可采取陷阱、网具、套索等方法，捕捉两栖动物、爬行动物；捕获到两栖动物、爬行动物后，剪取其脚趾或尾尖。

4．鱼类：可采用渔网捕捞鱼类，根据鱼类大小，选择渔具和确定网眼大小；捕获鱼类后，剥离其鳞片或剪取鳍条。

5．无脊椎动物：根据无脊椎动物类群和生活习性，制定采样方案。飞行昆虫，可采取网扫、灯诱捕捉；爬行的昆虫和软体动物等，可采取陷阱捕获；水生和底栖软体动物、扁形动物、节肢动物等，可采取抄网、拖网、采泥器等工具捕捞。捕获无脊椎动物后，采集翅、壳、肌肉等组织。

6．植物与大型真菌：参照动物非伤害性取样原则采集植物和大型真菌。可采集新鲜的叶、芽、花、种子、子实体等组织，尽可能地下的根、茎。

（五）样品采集量

尽可能采集少量生物样本，一般来说，取其50μL血液或200mg组织即可。如果科研或开发工作需要，可适当增加采样量，但不得造成生物体正常生长、繁殖、活动影响。必须严格控制重点保护和濒危物种的采集量。

（六）样品处理与贮存

1．采样时，采样人员应佩戴经消毒的乳胶手套，使用镊子夹取样品；生物样品采集后，须用蒸馏水冲洗。

2．采集的动物组织放入洁净的塑料管或广口瓶中，封闭后置入液氨或干冰中贮存，亦可加入90%～100%乙醇或DNA缓冲液，将动物组织浸泡保存。

3．采集的动物血液样品中，应加入抗凝剂并充分混匀；待其自然沉降或使用手摇离心机，将血液细胞与血浆分离，弃去血浆，将血液细胞置入液氨或干冰中贮存。

4．采集的植物组织放入洁净的塑料袋中，按1∶10比例加入硅胶，再挤出袋中空气，袋口封闭后入锡箔盒中避光保存。

5．采集的生物样品，至少应分2份贮存，以避免过失性风险。生物样品应在7d内送实验室分析或长期保存。

（七）动物采样后处理

采集后遗传资源的动物不得弃之不顾，应对其创口进行止血和消毒处理，待其苏醒后原地释放，不得将捕捉的动物带出原栖息地之外释放。

（八）处理与安全措施

采集或处理活体动物样品时，应谨慎、快速操作，尽可能减轻其痛苦。

采集野生动物遗传资源时，应采取充分的安全防范措施。在捕捉和处理野兽、毒蛇等危险性动物时，应规避被其伤害。对于潜在疫源动物，例如，啮齿类动物、鸟类等，应注意防疫保护，必要时进行免疫注射。

（九）采样记录

1. 采集的生物遗传资源样品应及时编号标记，做好详细档案记录，以便向相关主管部门或保护区管理机构备案。

2. 生物遗传资源样品档案记录的基本内容，至少应包括：采样人姓名、所属机构、联系地址、联系方式等基本信息，审批部门及其文号，采集生物遗传资源使用目的，采样时间，样品编号，采样地信息——地理位置、植被类型、栖息地状况、地理坐标、海拔高度、气温、相对湿度、实地拍摄照片等，采集生物遗传资源信息——中文名、学名、分类地位、采集形态、采集数量等。

二、海洋生物样品采集

《近岸海域监测规范》9.3规定了近岸海域海洋生物监测频率与时间、监测项目、样品采集与管理等三项内容。

（一）监测频率与项目

海洋生物例行监测，原则按春季、夏季、秋季、冬季监测4个时期，考虑实际监测能力，监测频率可酌情跨年度安排，监测时间可与海水水质监测相结合。

1. 必测项目：浮游植物、大型浮游动物、叶绿素a、粪大肠菌群、底栖生物（底内生物）。

2. 选测项目：初级生产力、赤潮生物、中小型浮游动物、底栖生物（底上生物）、大型藻类、细菌总数、鱼类回避反应。

（二）样品采集与管理

1. 采样层次

微生物，采集表层样品；叶绿素a、浮游植物定量样品采样层次，均同海水水质样品采集；浮游植物定量样品水样采集量500mL或1000mL，浮游植物和浮游动物定性样品采集，距底2m垂直拖至海水表层。

2. 样品采集

（1）采样前准备：根据近岸海域监测站点、监测项目、采样层次，配备足够采样瓶、固定剂、其他采样器材，选择适宜的监测用船。

（2）采样操作：必须在采样船停稳后，实施生物采样。根据采样时气象与海流条件，可适当调整采样方位，确保海上采样作业方便、安全。

（3）生物采样：微生物采样，使用无菌采水器，确保采样全过程无菌操作，避免玷污；浮游生物采样，使用浅水I、II、III型浮游生物网，拖网速度：下网不大于1m/s、起网约0.5m/s；底内生物采样，使用0.1m²静力式采样器，取样5次/站点，特殊情况下取样不小于2次/站点，若采样条件不许可，可使用0.05m²采泥器，但需增加采样次数；底上生物采样，使用阿氏拖网，拖网速度控制在2节左右，每个监测站点拖网时间10min。

3．样品保存与运输

（1）微生物样品：采集后应尽快分析，时间不大于12h；否则，应将微生物样品置于冰瓶或冰箱中，但亦不得超过24h。

（2）叶绿素a样品：采集后应立即过滤，然后，使用铝箔将滤膜包裹起来，在-20℃条件下干燥保存，待测。

（3）浮游植物水采样品：采集后，加入6‰～8‰卢戈氏液（碘片溶于5%KI溶液中形成的饱和溶液）；浮游生物网采集样品，加入5%（V/V）甲醛溶液，摇匀。

（4）浮游动物样品：采集后，加入5%（V/V）甲醛溶液，摇匀。

（5）底栖生物样品：采集后，经现场海水冲洗干净；临时性保存，使用5%～7%（V/V）中性甲醛溶液；永久性保存，使用75%（V/V）丙三醇乙醇溶液或75%（V/V）乙醇溶液；底栖生物固定样品，超过2个月未分离鉴定，应更换1次固定液。

《近岸海域监测规范》规定的各类海洋生物样品采集与保存方法，见表2-5。

表2-5　海洋生物样品采集与保存方法

项目	器具	适用范围与采集对象	采样方法	容器	样品量/mL	贮存方法	贮存时间
微生物	无菌采水器	细菌等	表层	G	500	4℃	24h
叶绿素a	GO-FLO采水器	叶绿素a	分层	P.G	500～1000	-2℃，闭光干燥	30d
浮游动物	浅水I型	大型浮游动物/鱼卵/仔稚鱼	垂直拖网	P.G	500	加固定剂，避光	永久
	浅水II型	中小型浮游动物	垂直拖网	P.G	500～1000	加固定剂，避光	永久
浮游植物（网采）	浅水III型	浮游植物	垂直拖网	P.G	200～500	加固定剂，避光	永久
浮游植物（水采）	GO-FLO采水器	浮游植物	分层	P.G	500	加固定剂，避光	永久
底栖生物	阿氏拖网	底上生物	平拖	P.G	-	加固定剂，避光	永久
	静力式采泥器	底内生物	采泥	P.G	-	加固定剂，避光	永久

盛装海洋生物样品的容器在运输过程中，应采取各种措施，防止破碎或倾覆，保证样品的完整性；海洋生物样品运输应附有采样清单，在采样清单上应注明分析项目、样品种类和数量。

4. 采样记录与移交

海洋生物样品采集过程中，必须认真做好相应记录；采样过程中出现的异常现象，应作出详细记录。海洋生物样品交接，必须做好交接记录，同时备案。

三、潮间带生态监测

《近岸海域监测规范》9.4规定了近岸海域潮间带生态监测频率与时间、监测项目、样品采集与管理等三项内容。

（一）监测频率与项目

开展潮间带生态例行监测前，应进行背景调查，综合调查拟监测断面春季、夏季、秋季、冬季潮间带生态背景状况。实际监测，可选取其中1或2个季节监测；监测时间，应在调查月大潮汛期实施监测。

1. 必测项目

（1）潮间带生物：种类、群落结构、生物量、栖息密度。

（2）沉积物质量：有机碳、硫化物、石油类、沉积物类型。

（3）水质：水温、pH值、盐度、溶解氧（DO）、石油类、营养盐等。

2. 选测项目

（1）沉积物质量：总汞、镉、铅、砷、氧化还原电位。

（2）水质：悬浮物（SS）、化学需氧量（COD_{Cr}）。

（二）样品采集与管理

1. 潮间带水质、沉积物质量样品采集与管理，分别执行近岸海域水质、沉积物监测"样品采集与管理"相关要求。

2. 潮间带生物样品采集与管理，执行《海洋监测规范 第7部分：近海污染生态调查和生物监测》（GB 17378.7—2007）相关规定。

四、生物体污染物残留量监测

《近岸海域监测规范》9.5规定了近岸海域生物体污染物残留量监测频率与时间、监测项目、样品采集与管理等内容。

（一）监测频率与项目

在生物成熟期开展监测，1次/年。结合各地实际，一般监测时间在年内8—10月，不同年份采样时间尽可能保持一致。

1. 必测项目：总汞、镉、铅、砷、铜、锌、铬、石油类、六六六、滴滴涕。

2. 选测项目：粪大肠菌群、多氯联苯（PCBs）、多环芳烃（PAHs）、麻痹性贝毒（PSP）。

（二）样品采集与管理

1．种类选择

（1）选择原则：产量丰富，最好是食用的经济作物；本区域定居者，生命周期要求大于1年；有适当大小，可提供足够的组织进行分析；对污染物有足够的蓄积能力。

（2）种类选择：以贝类为主，根据海区（海滩）特征，可增选鱼类、甲壳类、藻类。

（3）采样种类：根据我国海洋生物分布特征，建议采样贝类：贻贝、牡蛎、蛤类等；鱼类：黄鱼、梅童鱼、鲳鱼等；甲壳类：梭子蟹、鲟、虾等；藻类：海带、紫菜、马尾藻等，具体种类视当地实际情况而定。

2．样品采集

（1）采样点位：潮间带区域的贝类，应定点采集；沿岸潮下带和近岸海域的贝类、鱼、虾、藻类样品，在当地养殖场、渔船、渔港采集。

（2）采样数量：贝类，采样体长大致相似的个体约1kg；大型藻类，采样量约100g；甲壳类、鱼类等生物，采样量约1.5kg，以保证足够数量（一般需要100g肌肉组织）的完好样品，用于实验分析。

（3）样品处理：所采样品，使用现场海水冲洗干净；用于细菌学检测的样品，采样全过程实行无菌操作。

（4）样品登记：样品采集后，认真做好现场描述和样品登记编号。现场描述内容，包括生物个体大小、颜色、死亡数量、机械损伤或其他异常个体，记录生物个体生活环境等。生物样品名称，一律采用俗名与学名同时记录，样品登记时按顺序编号填写，使用铅笔记录采样时间、栖息地、采集的生物名称等。

3．样品保存与运输

（1）样品保存：采集的生物样品，应放入洁净的双层聚乙烯塑料袋中，冰冻保存（-10～-20℃）；用于细菌学检测的样品，置入冰瓶冷藏（0～4℃）保存且不超过24h。

（2）样品运输：生物样品采集后，若是长途运输，须将样品置入冰箱中，始终使其处于低温状态，并防止玷污。

4．样品处理

生物样品中，贝类取其软体组织（可食用部分），鱼类取其肌肉部分，虾类、蟹类取其可食用部分（不含壳），藻类除去附着器；然后，将其置入高速组织捣碎机中，制成匀浆备用；用于细菌学检测的样品处理所用器具，须经灭菌处理。

第五节 污染源样品采集

一、大气污染源样品采集

《固定源废气监测技术规范》（HJ/T 397—2007）规定了固定大气污染源样品采集的排气参数测定、颗粒物测定、气态污染物采样、采样频率与时间等；《固定污染源排气中颗粒物测定与气态污染物采样方法》（GJ/T 16157—1996）规定了固定大气污染源排气参数测定中冷凝法、重量法和排气中一氧化碳（CO）、二氧化碳（CO_2）、氧气（O_2）等气体成分测定方法。本节简述固定大气污染源的排气参数测定、颗粒物与气态污染物采样、采样频率与时间。

（一）排气参数测定

1. 排气温度测定

（1）测量仪器

当采用热电偶或电阻温度计时，要求其示值应不大于±3℃；当采用水银玻璃温度计时，要求其精确度应不小于2.5%，最小分度值应不大于±2℃。

（2）测量步骤

将温度测量单元插入烟道测点处，封闭测孔，待温度计读数稳定后读数；使用玻璃温度计时，注意：不可将温度计抽出烟道外读数。

2. 排气水分测定

（1）干湿球法

烟道气体在一定流速下，流经干湿球温度计，依据干湿球温度计读数和测点处排气压力，计算出排气中水分含量。

①测量仪器：排气中水分测量系统，由采样管、干湿球温度计（精确度应不小于1.5%，最小分度值应不大于±1℃）、真空压力表（精确度应不小于4%，用于测量流量计前气体压力）、转子流量计（精确度应不小于2.5%）、抽气泵（当流量40L/min时，其应能克服烟道与采样系统阻力；当流量计置于泵出口时，其应不漏气）构成。

②测量步骤：首先检查湿球温度计的湿球表面纱布是否包好，再将水注入盛水容器中；打开采样孔，清除采样孔中积灰，将采样管插入烟道中心位置，封闭采样孔；当排气温度较低或水分较高时，采样管应保温或加热数分钟后，再开启抽气泵，以15L/min流量抽气；当干湿球温度计读数稳定后，记录干球和湿球温度、真空压力表压力。

（2）冷凝法

由烟道中抽取一定体积排气，使之通过冷凝器，依据冷凝出的水量，加上自冷凝器排出的饱和气体含有的水蒸气量，计算排气中水分量。

①测量仪器：测量系统由烟尘采样管（不锈钢件、内装滤筒，用于去除排气中颗粒物）、冷凝器（不锈钢件，用于分离、贮存采样管、连接管、冷凝器中冷凝水，冷凝器体积应不小于5L，$\phi 10 \times 1mm$冷凝管有效长度不小于1500mm，贮存冷凝水容器有效容积不小于100mL，排放冷凝水的开关应严密）、干燥器（有机玻璃件，内装硅胶，其容积应不小于0.8L，用于干燥进入流量计湿烟气）、温度计（精确度应不小于2.5%，最小分度值应不大于±2℃）、真空压力表（精确度应不小于4%，用于测量流量计前气体压力）、转子流量计（精确度应不小于2.5%）、抽气泵（当流量40L/min时，其应能克服烟道与采样系统阻力；当流量计置于泵出口时，其应不漏气）、10mL量筒等部件组成。

②测量步骤：首先将冷凝器装满冰水或在冷凝器进出水管接冷凝水，再检查系统是否漏气，直至满足检漏要求；打开采样孔，清除采样孔中积灰，将装有滤筒的采样管插入烟道中心位置，封闭采样孔；开启抽气泵，以25L/min左右流量抽气，同时记录采样开始时间；抽取的排气量应使冷凝器中冷凝水量维持在大于10mL，采样时，每隔数分钟记录冷凝器出口气体温度、转子流量计读数、流量计前气体温度、压力、采样时间；采样结束，将采样管出口向下倾斜，取出采样管，将凝结在采样管与连接管内的水倾入冷凝器中，以量筒测量冷凝水量。

（3）重量法

由烟道中抽取一定体积排气，使之通过装有吸湿剂的吸湿管，排气中水分被吸湿剂吸收，吸湿管的增重，即为已知体积排气中含有水分量。

①测量仪器：测量系统由气体采样管（头部带有颗粒物过滤器加热或保温装置）、吸湿管（C形或雪菲尔德管，内装氧化钙和硅胶等吸湿剂）、真空压力表（精确度应不小于4%）、温度计（精确度不小于2.5%，最小分度值不大于±2℃）、转子流量计（精确度不小于2.5%，测量范围0～1.5L/min）、抽气泵（当流量2L/min时，其应能克服烟道与采样系统阻力；当流量计置于泵出口时，其应不漏气）、天平（感量应不大于1mg）构成。

②准备工作：将粒状吸附剂装入吸湿管（C形或雪菲尔德管）内，并将吸湿管进出口两端充填少量玻璃瓶，关闭吸湿，管阀门，擦去表面附着物后，再用天平称量。

③采样步骤：首先检查系统是否漏气，检查方法：将吸湿管前连接橡皮管堵死，开启抽气泵，泵压力表指示负压达到13kPa时，封闭连接抽气泵橡皮管，若真空压力表示值在1min内下降不超过0.15kPa，则视为系统不漏气；其次，将装有滤料的采样管由采样孔插入烟道中心后，封闭采样孔，预热采样管；再次，打开吸湿管阀门，以1L/min流量抽气，同时记录开始采样时间，采样时间视排气水分量大小而定，采集水分量应不小于10mg；最后，记录流量计的气体湿度、压力、流量计读数；此外，采样结束，关闭抽气泵，记录采样种植时间，关闭吸湿管阀门，取下吸湿管；还有，擦去吸湿管表面附着物后，再用天平称量。

3．排气中CO、CO$_2$、O$_2$等成分测定

（1）奥氏气体分析仪法测定CO、CO$_2$、O$_2$

采用不同吸收液，分别逐一吸收排气各成分；依据吸收前后排气体积变化，计算出该成分在排气中所占体积百分数。

①测量仪器

测定排气中CO、CO$_2$、O$_2$等气体成分的测量系统，由气体采样管（头部带有φ6mm聚四氟乙烯或不锈钢颗粒物过滤器）、二连球或携带式抽气泵、球胆或铝箔袋、奥氏气体分析仪组成。

②测量试剂

（a）氢氧化钾溶液：将73g氢氧化钾溶于150mL蒸馏水中，并装入吸收瓶中；

（b）焦性没食子酸碱溶液：称取20g焦性没食子酸溶于40mL蒸馏水中、55g氢氧化钾溶于110mL水中，将该两种溶液装入吸收瓶内混合；为使溶液与空气完全隔绝，防止氧化，可在缓冲瓶内加入少量液状石蜡；

（c）钢氨络离子溶液：称取250g氯化铵溶于750mL水中，过滤于装有钢丝或铜粒的1000mL细口瓶中，再加入250g氯化亚铜，将瓶口封严，放置数日至溶液褪色，使用时量取上述溶液105mL和45mL浓氨水，混匀，装入吸收瓶中；

（d）封闭液：含5%硫酸的氯化钠饱和溶液500mL，加1mL甲基橙指示液，取150mL装入吸收瓶，其余溶液装入洗瓶。

③采样步骤

将采样管、二连球或携带式抽气泵与球胆或铝箔袋连接，采样管插入烟道近中心处，封闭采样孔；使用二连球或携带式抽气泵将烟气抽入球胆或铝箔袋中，球胆或铝箔袋应以烟气反复冲洗排空3次，最后采集500mL烟气样品，待分析。

（2）电化学法测定O$_2$

被测气体中氧气，通过传感器半透膜充分扩散进入铅镍合金空气电池内，经电化学反应产生电能，其电流大小遵循法拉第定律与参加反应的氧原子摩尔数成正比；放电形成的电流，经负载形成电压，测量负载上电压大小得到氧含量值。

①测量仪器

测定排气中成分的测量系统由测氧仪（气泵、流量控制装置、控制电路、显示屏）、采样管、样气预处理器构成。

②测量步骤

首先检查系统是否漏气，开启抽气泵；将采样管插入被测烟道中心或靠近中心处，抽取烟气测定，当氧含量读数稳定后，读取数据。

（3）热磁式氧分析仪法测定O$_2$

氧受磁场吸引的顺磁性比其他气体强许多，当顺磁性气体在不均匀磁场中且具温度梯度时，便会形成气体对流，称为热磁对流，或称为磁风；磁风强弱取决于混合气体中含氧量多寡，通过将混合气体中含氧量变化转化成热磁对流变化，再转化

成电阻变化，测量电阻变化，即可得到氧的百分含量。

①测量仪器

测定排气中O_2成分的测量系统由热磁式氧分析仪、采样管、样气预处理器组成。

②测量步骤

首先检查系统是否漏气，开启抽气泵；将采样管插入被测烟道中心或靠近中心处，抽取烟气测定，当氧含量指示稳定后，读取氧含量数据。

（4）氧化锆氧分析仪法测定O_2

利用氧化锆材料并添加一定量稳定剂后，通过高温烧成，在一定温度下成为氧离子固体电解质；在该材料两侧焙烧上铂电极，一侧通气样，另一侧通空气，当两侧氧分压不同时，两电极间产生浓差电动势，构成氧浓差电池；由氧浓差电池的温度和参比气体氧分压，便可通过测量仪表测得电动势，换算出被测气体氧含量。

①测量仪器

测定排气中O_2成分的测量系统由氧化锆氧分析仪、采样管、样气预处理器组成。

②测量步骤

首先检查系统是否漏气，按规定时间将氧化锆氧分析仪加热炉升温，开启抽气泵；将采样管插入被测烟道中心或靠近中心处，抽取烟气测定，当氧含量指示稳定后，读取氧含量数据。

4. 排气流速测定

烟道排气流速与其动压的平方根成正比，根据测得某测点处动压、静压、温度等参数。

（1）测量仪器

①标准型皮托管：是一个90°双层同心圆管，前端呈半圆形，正前方有一开孔，与内管相通，用以测定全压；距前端6倍直径处外管壁开有一圈孔径1mm小孔，通至后端侧出口，用以测定排气静压；其修正系数$K_p=0.99\pm0.01$；适用于测量较清洁的排气。

②S型皮托管：由2根相同金属管并联组成。测量前端有方向相反的2个开口，测量时，面向气流开口测得的压力为全压，背向气流开口测得的压力小于静压，其修正系数$K_p=0.84\pm0.01$；适用于测量厚壁烟道排气。

③U型压力计：用于测量烟道排气全压和静压，其最小分度值应不大于10Pa。

④斜管微压计：用于测量烟道排气动压，其精确度应不小于2%，其最小分度值应不大于2Pa。

⑤大气压力计：最小分度值应不大于0.1kPa。

⑥流速测定仪：由皮托管、温度传感器、压力传感器、控制电路、显示屏构成。

（2）测量步骤

①皮托管/微压计/压力计测量

（a）测量气流动压。将微压计液面调至零点，在皮托管上标出各测点应插入采样孔位置。将皮托管插入采样孔：使用S形皮托管测量时，应使开孔平面垂直于测量断面插入，若断面无涡流，微压计读数应在零点左右；使用标准皮托管测量时，为避免微压计中酒精吸入连接管，产生压力测量错误，标准皮托管插入烟道前，切断皮托管与微压计通路。各测点应使皮托管的全压测孔正对气流方向，其偏差不大于10°，测出各点动压；再重复测量一次，分别记录，取其平均值。测量结束后，检查微压计液面是否回至零点。

（b）测量气流静压。将皮托管插入烟道近中心处的一个测点，使用S形皮托管测量时，仅用其一路测压管，其出口端以胶管与U形微压计一端相连，将S形皮托管插入烟道近中心处，使其测量开口平面平行于气流方向，所测得压力即为静压。

②流速仪测量

由流速测定仪自动测量烟道断面各测点排气温度、动压、静压、环境大气压；依据测得参数，流速仪可自动计算出烟道各测点排气流速。

（二）颗粒物样品采集

将烟尘采样管插入烟道采样孔中，使采样嘴置于测点并正对气流方向，按颗粒物等速采样原理，抽取一定量含尘气体；根据采样管滤筒上所捕集到的颗粒物量与同时抽取的气体量，计算出烟道排气中颗粒物浓度。

1. 采样原则

（1）等速采样

颗粒物具有一定质量，在烟道中因自身运动的惯性作用，不可能完全随气流改变方向；为取得有代表性烟尘样品，需等速采样，即：气体进入采样嘴的速度应与采样点烟气流速相等，其相对误差应小于10%；气体进入采样嘴的速度大于或小于采样点烟气流速，都将使采样结果产生误差。

（2）多点采样

因烟道中颗粒物分布不均匀，欲取得有代表性烟尘样品，必须在烟道断面，按一定规则多点采样。

2. 采样方法

（1）移动采样：使用一个滤筒，在确定的采样点移动采样，各点采样时间相同，计算出采样断面颗粒物平均浓度。

（2）定点采样：每个测点采集一个样品，计算出采样断面颗粒物平均浓度，可了解烟道断面颗粒物浓度变化情况。

（3）间断采样：有周期性变化的大气污染源，依据生产工况变化及其延续时间，分段采样，再计算出采样断面颗粒物时间加权平均浓度。

3. 皮托管平行测速自动烟尘采样仪

该自动烟尘采样仪微处理测控系统，依据各类传感器检测到的动压、静压、温度、湿度等参数，计算烟气流速，选择采样嘴直径；采样过程中，烟尘采样仪自动计算烟气流速和等速跟踪采样流量,控制电路调整抽气泵抽气能力,使实际流量与计算的采样流量相等,保证了烟尘自动等速采样。

采样步骤:连接采样系统(以橡胶管连接组合采样管的皮托管与主机相关接口,连接组合采样管的烟尘取样管与洗涤瓶、干燥瓶,再连接主机相关接口);接通电源、自检、输入日期、时间、大气压、管道尺寸等参数,烟尘采样仪计算出采样点数和位置,采样管标记各采样点位;打开烟道采样孔,清除采样孔中积灰;烟尘采样仪压力零点校正,将组合采样管插入烟道中,选择适宜采样嘴,测量各采样点温度、动压、静压、全压、流速;湿度测量装置注水,将其抽气管、信号线与主机连接,采样管插入烟道,测量烟气中水分;将已称重并编号的滤筒置入采样管内,旋紧压盖,采样嘴与皮托管全压测孔方向一致;设定各采样点采样时间,输入滤筒编号,将组合采样管插入烟道中,封闭采样孔;采样嘴与皮托管全压测孔正对气流、位于第1个采样点,开启抽气泵采样,当第1个采样点采样结束,烟尘采样仪自动发出信号,立即将采样管移至第2个采样点继续采样,以此类推,各测点顺序采样;采样过程中,烟尘采样仪自动调节流量,保持等速采样;采样结束后,从烟道中取出采样管,不可倒置,使用镊子取出滤筒,放置专用容器中保存,烟尘采样仪自动保存或打印相关采样数据。

(三)气态污染物样品采集

1. 采样方法

(1)化学法采样

通过采样管将样品抽入装有吸收液的吸收瓶或装有固体吸附剂的吸附管、真空瓶、注射器或气袋中,样品溶液或气态样品经化学分析或仪器分析,得出某气态污染物浓度。

吸收瓶或吸收管采样系统,由采样管、连接导管、吸收瓶或吸附管、流量计量箱、抽气泵等部件组成。真空瓶或注射器采样系统,由采样管、真空瓶或注射器、洗涤瓶、干燥器、抽气泵等部件组成。

(2)仪器法采样

通过采样管、颗粒物过滤器、除湿器,使用抽气泵,将样气抽入分析仪中,直接指示被测污染物浓度。仪器直接测试法采样系统,由采样管、颗粒物过滤器、除湿器、抽气泵、测试仪、校正用气瓶等部件构成。

2. 采样步骤

(1)吸收瓶或吸附管采样

①采样准备:包括采样管准备与安装,吸收瓶或吸附管与采样管、流量计量箱连接,漏气试验等三个步骤。

②采样操作:包括预热采样管(打开采样管加热电源,将其加热至所需温度),置换吸收瓶前采样管路内空气(采样前令排气经旁路吸收瓶采集5min,置换吸收瓶

前管路内空气），采样（接通采样管路，调节采样流量至所需流量实施采样，保持流量恒定，流量波动应不大于±10%，使用累积流量及采样时，采样开始应记录累计流量计读数），采样时间（视待测污染物浓度而定，一般每个样品采样时间应不小于10min），采样结束（切断采样管至吸收瓶气路，防止烟道负压将吸收液与空气抽入采样管，使用累积流量及采样时，采样结束应记录累计流量计读数），样品贮存（采集的样品应置于不与被测污染物发生化学反应的容器内，容器应密封，样品应编号）。

注意：采样时应分别记录生产工况、环境条件、采样流量与时间、流量计前温度与压力、累计流量计读数等相关数据；采样后再次检查是否漏气，否则，修复后重新采样；若发现样品中污染物随时间衰减，不可贮存，应现场及时分析。

（2）真空瓶或注射器采样

采样前，打开抽气泵，以1L/min流量抽气5min，置换采样系统内空气；打开真空瓶旋塞，使气体进入真空瓶，关闭其旋塞，取下真空瓶；使用注射器时，打开注射器进气阀门，抽动活栓，将气样一次抽入预定刻度，关闭注射器进气阀门，取下注射器倒立存放；采样时，记录生产工况、环境条件、大气压力等。

（3）仪器直接测试法采样

①采样准备：包括监测仪器检定与校准、采样系统连接与安装等两个环节。

②采样测试：将采样管置于环境空气中，接通电源，仪器自检并校零后，自动进入测试状态；将采样管插入烟道中，封闭采样孔，抽取烟气测定，待仪器读数稳定后即可记录或打印测试数据；读数结束，从烟道中取出采样管，置于环境空气中，抽取洁净空气直至仪器示值复原后，再将采样管插入烟道，实施第二次测试，重复两次操作至测试结束；待测结束后，从烟道中取出采样管，置于环境空气中，抽取洁净空气直至仪器示值复原后，手动或自动关机。

（四）采样频率与时间

相关环境标准中采样频率与采样时间有规定的，执行相关环境标准规定。若排气筒中废气以连续1h采样获取平均值，或1h内以等时间间隔采集3～4个样品，计算其平均值；若某排气筒为间歇性排放，排放时间小于1h，应在排放时段内连续采样，或在排放时段内等时间间隔采集2～4个样品，计算其平均值；若某排气筒为间歇性排放，排放时间大于1h，应在排放时段内连续采样，或在排放时段内连续1h采样获取平均值，或1h内以等时间间隔采集3～4个样品，计算其平均值；建设项目竣工环境保护验收监测的采样频率与时间，执行国家相关建设项目竣工环境保护验收监测技术规范；突发性环境污染事件排放监测，视其需要确定采样频率与时间，不受上述规定限制；一般来说，污染源监督性监测不小于1次/年，国家或地方重点企业监督性监测不小于4次/年。

二、水污染源样品采集

《水监测规范》5.2、8.3.2分别规定了污染源废水、建设项目污水处理设施竣工验收监测中采样频率与采样方法，5.3规定了排污总量监测中流量测量原则与方法、污染物平均浓度确定方法。

（一）水污染源采样

1．采样频率

（1）监督性监测

地方环境监测机构对本辖区内污染源监督性监测不小于1次/年，若被国家或地方环境保护行政主管部门列为年度重点排污单位，其水污染源监测应增加到2～4次/年；各级环境保护行政主管部门，可自行确定环境管理或环境执法需要而实施的抽查性水污染源监测或对企业水污染源加密监测。

（2）企业自行监测

工业企业外排污水，按其生产周期和生产特点，由该企业自行确定水污染源监测频率；一般来说，至少3次/生产日。

（3）专项监测

对于污染治理、环境科研、污染源调查与评价等专项工作中污水监测，其采样频率可根据专项方案要求，另行确定。

（4）加密监测

为确认排污单位自行监测的采样频率，应在正常生产条件下的一个生产周期内实施加密监测：≤8h/周期，采样频率1次/h；>8h/周期，采样频率1次/2h，采样频率不小于3次/周期，同时测量污水流量；依据加密监测结果，绘制水污染物排放曲线（浓度-时间，流量-时间，总量-时间），并对照已掌握相关资料，若基本一致，即可据此确定企业自行监测的采样频率。环境管理需要的污染源调查监测时，亦按此频率采样。

（5）其他规定

若排污单位有正常运行的污水处理设施且污水稳定排放，则水污染物排放曲线较平稳，环境监督监测可采集瞬时样；水污染物排放曲线有明显变化的不稳定排放污水，应依据水污染物排放曲线变化实际，划分时间单元采样，再组成水污染物混合样品。正常情况下，采集水污染物混合样品不小于2次/单元。

若所排污水流量、水污染物浓度甚至组分均有明显变化，则各单元采样时的采样量应与当时污水流量成比例，以使水污染物混合样品更具代表性。

2．污水采样方法

（1）监测项目

水污染源监测项目，因行业类型不同而有不同要求。在分时间单元采集污水样品时，测定pH值、悬浮物（SS）、化学需氧量（COD_{cr}）、生化需氧量（BOD_5）、硫化物、石油类、有机污染物、余氯、粪大肠菌群、放射性等项目的样品，必须单独采样，不得采集混合样。

不同监测项目应选用容器材质、加入保存剂及其用量与保存期、采集水样体积、容器洗涤方法等，执行《地表水样保存和容器洗涤》相关规定。

（2）自动采样

自动采样，使用自动水质采样器，分为时间比例采样和流量比例采样两类。当污水稳定排放时，可采取时间比例采样，否则，必须采取流量比例采样；自动采样器，必须符合国家环境保护行政主管部门颁布的相关污水采样器技术要求。

（3）采样层次

实际污水采样位置，应在采样断面中心。当水深大于1m时，应在表层下1/4处采样；当水深小于等于1m时，在水深1/2处采样。

（4）注意事项

①使用水质样品容器直接采样时，须用水样冲洗3次后再行采样。然而，当水面存在浮油时，其采样容器不得冲洗。

②选用专用污水采样器，例如：油类采样器时，应按其使用方法说明采样；采集污水样品时，应注意去除水面杂物、垃圾等漂浮物；凡需现场测试的项目，应立即实施现场测定。

③用于测定SS、COD_{cr}、BOD_5、硫化物、石油类、有机污染物、余氯、粪大肠菌群、放射性等项目的水样，必须单独定容采样，全部用于实验室分析。

④采样时，应认真填写污水采样记录表，表中主要内容：污染源名称、监测目的、监测项目、采样点位、采样时间、样品编号、污水性质、污水流量、现场环境描述、采样人员、记录人员、其他相关事项等。

3.样品储运与记录

鉴于某些污水样品组分相当复杂，通常其稳定性低于地表水样，应尽快测试分析；保存和运输，执行地表水样相关规定。污水样品采集后，每个样品瓶或容器应粘贴标签，标明采样点位编号、采样日期与时间、分析项目、保存方法等。

（二）排污总量监测

1. 污水流量测量

（1）流量测量原则

①若已知水污染源排放沟渠"流量-时间"排放曲线波动较小，瞬时流量代表平均流量的误差可控制在允许范围内时（<10%），则某一时段内任意时间测得瞬时流量乘以该时段时间，即为该时段流量。

②若污水"流量-时间"排放曲线虽有明显波动，但其波动存在一定规律，可用该时段若干等时间间隔瞬时流量计算平均流量，则可定时测定瞬时流量，计算平均

流量后再乘以时间，得到其污水流量。

③若污水"流量-时间"排放曲线，既有明显波动，又无规律可循，则必须连续测定污水流量，对流量-时间积分，即为其污水总流量。

（2）流量测量方法

①流量计法：若污水通过明沟（渠）排放，所用流量计的测量性能指标，必须满足污水流量计的测量技术要求。若污水通过涵管排放，所用电磁式或其他类型流量计，应定期计量检定。

②容积法：将污水纳入已知容量的容器中，测量其充满容器所需时间，从而计算污水量的方法。此法简单易行，测量精度较高，适用于计量污水量较小的连续或间歇排放污水；流量小的排污沟口采用此法，但溢流口与受纳水体应有适当落差或可用导水管形成落差。

③流速仪法：通过测量排污沟渠过水截面积，以流速仪测量污水流速，计算污水量。适当选用流速仪，多用于渠道较宽污水量测量；测量时，根据沟渠深度和宽度，确定点位垂直和水平测点数。该方法简单，但易受污水水质影响，难用于污水量连续测量。排污沟渠截面底部需硬质平滑，截面形状为规则几何形，排污沟口处须有3～5m平直过流水段，且水位高度不小于0.1m。

④量水槽法：在明沟（渠）或涵管内安装量水槽，测量其上游水位，可计量污水量。常用的有巴氏槽，使用量水槽与溢流堰测流相比，同样可获得较高精度（±2%～5%）和连续自动测量；其优点：水头损失小、壅水高度小、底部冲刷力大，不易沉积杂物，但造价和施工要求较高。

⑤溢流堰法：在固定沟渠安装特定形状开口堰板，过堰水头与流量存在固定关系，据此测量污水流量；根据污水量大小，可选择三角堰、矩形堰、梯形堰等。该法精度较高，在安装液位计后，可实现连续自动测量；已有连续自动测量液位传感器：浮子式、电容式、超声波式、压力式等。

应当注意：利用堰板测流，因堰板安装会造成一定水头损失；固体沉积物堆积堰前或藻类等黏附堰板，均会影响测量精度，故在排污口处修建的明渠式测流段，应符合流量堰（槽）技术要求。

以上测流方法均可选用，但选定某测流方法时，应注意各自测量范围与条件。当以上方法无法使用时，可用统计法。

2．平均浓度确定

（1）某污染物排放单位的排污渠道，在已知其"浓度-时间"排放曲线波动较小，瞬时浓度代表平均浓度的误差可控制在允许范围内时（<10%），在某时段内任意时间采样测得浓度，均可作为平均浓度。

（2）若某污染物"浓度-时间"排放曲线虽有波动，但其波动存在一定规律，等时间间隔的等体积混合样浓度代表平均浓度的误差可控制在允许范围内时，可等时间间隔采集等体积混合样，测其平均浓度。

（3）若某污染物"浓度-时间"排放曲线既有波动，又无规律可循，则必须以"比例采样器"连续采样，即：确定某一比值，在连续采样中能使各瞬时采样量与当时流量之比均为此比值。以此种"比例采样器"任一时段内采集的混合样测得浓度，即为该时段内平均浓度。

（三）建设项目竣工验收监测

1．采样频率

（1）验收监测频率应能反映建设项目在规定生产工况下污水排放真实情况，以及污水处理设施等环境保护设施治理效果，并应使建设项目竣工环境保护验收监测工作量最小化。

（2）生产稳定且水污染物排放有规律的建设项目排放源，应以其生产周期为采样周期，采样不小于2个周期；一般来说，每个采样周期内采样次数应为3～5次，但不小于3次。

（3）建有正常运行污水处理设施或调节池的建设项目，其污水稳定排放的，验收监测可采集瞬时水样，但采样不小于3次；污水处理设施处理效率测试的采样频率，可适当减少。

（4）建设项目非稳定排放源、大型重点建设项目排放源，必须采取加密监测方法。

2．采样与保存

建设项目竣工环境保护验收监测的污水采样方法，执行前述"（一）水污染源采样"相关规定；水样保存和容器选择，执行《地表水样保存和容器洗涤》相关规定。

三、固体废物污染源样品采集

《工业固体废物采样制样技术规范》中4.2规定了工业固体废物采样技术、采样类型、样品保存方法。

（一）采样技术

1．采样方法

（1）简单随机采样法

当对一批工业固体废物了解很少，且采集的份样比较分散亦不影响其分析结果时，则对该批工业固体废物不作任何处理，亦不分类、排队，而按其原状从该批工业固体废物中随机采集份样。

①抽签法：首先对所有采集份样部位编号，将号码写在纸片上，纸片号码代表采集份样部位，掺匀后从中随机抽取份样数的纸片，被抽中号码的部位，即为采集份样部位；此法适用于采集份样点位较少时使用。

②随机数字表法：首先对所有采集份样部位编号，采集份样部位与编号数量相

同，最大编号对应随机数字表纵横栏，并合并使用；按不重复抽样原则，从随机数字表任意一栏数字开始，遇到小于等于最大编号的数码视为被抽中号码，直至抽取规定份数为止，被抽中号码即为采集份样部位。

（2）系统采样法

一批有一定顺序排列的废物，按规定间隔等距离采样，组成小样或大样。当一批废物，以输送带、管道等形式连续排出的移动过程中，按一定质量或时间间隔采集份样，份样间隔可依据表2-6规定份样数量与实际批量，按下式计算：

$$T \leqslant \frac{Q}{n} \text{ 或 } T' \leqslant \frac{60Q}{Gn} \tag{2-3}$$

式中：T——采样质量间隔，t；

Q——批量，t；

n——按式（2-3）计算出的份样数或表2-6规定的份样数量；

G——每小时废物排出量，t/h；

T'——采样时间间隔，min。

表2-6 废物批量大小与最少份样数量

批量大小	最少份样数量	批量大小	最少份样数量
<1	5	≥100	30
≥1	10	≥500	40
≥5	15	≥1000	50
≥30	20	≥5000	60
≥50	25	≥10000	80

采集第1个份样时，不得在第一间隔起点开始，可在第一间隔内随机确定；在采集输送带上或落口处份样时，须截取废物流的全截面；所采集份样粒度比例，应符合采样间隔或采样部位粒度比例，所得大样粒度比例应与整批废物流粒度分布大致相符。

（3）分层采样法

根据一批已知废物认识，将其按相关标志分若干层，然后，在每层中随机采集份样。当一批废物分次排出或某生产工艺流程废物间隔排出过程中，可分n层采样；依据每层质量，按比例采集份样；同时，须注意粒度比例，使每层所采集份样的粒度与该层废物粒度分布大致相符。

第i层采样分数n，按下式计算：

$$n = (n \cdot Q_L) / Q \tag{2-4}$$

式中：n_i——第i层应采集份样数；

Q_L——第i层废物质量，t；

其余符号意义同上。

2．采集份样量

一般来说，环境样品量越多，其代表性越强，故废物份样量不可少于某一限度；然而，废物份样量达到一定限度后，再增加重量，也不可能显著提高采样的准确度。废物份样量取决于废物粒度上限，废物粒度越大，均匀性越差，份样量应越多；废物份样量大致与废物最大粒度直径某次方成正比，与废物不均匀性程度成正比；废物份样量，可按切乔特公式（2-5）计算：

$$Q \geq K \cdot d^{\alpha} \tag{2-5}$$

式中：Q——份样量应采集的最低重量，kg；

　　　d——废物中最大粒度的直径，mm；

　　　K——缩分系数，代表废物不均匀程度，废物越不均匀，K值越大，有实验统计误差或经验确定；

　　　α——经验常数，随废物均匀程度和易破碎程度而定，一般情况下，推荐K=0.006，α=1。

对于某一批液态废物，采集份样量，以不小于100mL采样瓶或采样器所盛量为准。

3．采集份样数

（1）公式法

当已知废物份样间的标准偏差和允许误差时，可按下式计算应采集废物份样数：

$$n \geq \left[\frac{t \cdot s}{\Delta} \right]^2 \tag{2-6}$$

式中：n——必要份样数；

　　　s——份样间标准偏差；

　　　t——选定置信水平下概率度。

取n→∞时的t值为最初t值，以此计算出n的初值；用对应于n初值的t值代入，不断迭代，直至算得的n值不变，此n值即为必要份样数。

（2）查表法

当废物份样间标准偏差或允许误差未知时，可按表2-6确定废物份样数。

（二）采样类型

1．固体废物采样

（1）件装采样

根据"两段采样法"确定份样数、式（2-5）、确定份样量、"简单随机采样法"确定采样方法；选择适宜采样工具，按其操作要求，采集废物份样；组成小样（即副样）或大样。

（2）散装采样

①静止废物采样：根据式（2-6）或"查表法"确定份样数、式（2-5）确定份样量、采样技术确定采样方法；选择适宜采样工具，按其操作要求，采集废物份样；组成小样（副样）或大样。

②移动废物采样：根据式（2-6）或"查表法"确定份样数、式（2-5）确定份样量、"系统采样法"和"分层采样法"确定采样方法；选择适宜采样工具，按其操作要求，采集废物份样；组成小样（副样）或大样。

2．液态废物采样

（1）件装采样

根据"两段采样法"确定份样数和采样方法、以不小于100mL采样瓶或采样器所盛量确定份样量；小容器（瓶、罐）用手摇匀，中等容器（桶、听）采取滚动、倒置或手工搅拌器混匀，大容器（贮罐、槽车、船舱）采用机械搅拌器、喷射循环泵混匀；多相液体不宜混匀时，按"分层采样法"采样；选择适宜采样工具，按其操作要求，采集废物份样；组成小样（副样）或大样。

（2）大池（坑、塘）采样

根据式（2-6）或"查表法"确定份样数、以不小于100mL采样瓶或采样器所盛量确定份样量、采样技术确定采样方法；选择适宜采样工具，按其操作要求，采集废物份样；组成小样（副样）或大样。

（3）移动废物采样

根据式（2-6）或"查表法"确定份样数、以不小于100mL采样瓶或采样器所盛量确定份样量、"系统采样法"确定采样方法；选择适宜采样工具，按其操作要求，采集废物份样；组成小样（副样）或大样。

3．半固态废物采样

原则依据固体废物采样规定和液态废物采样规定，分别采集样品。然而，特殊情况下，应遵循以下采样技术要求：

若常温下为固体，受热时易变成流动液体而不改变其化学性质的废物，或冷冻固体，常温下成为流动液体而不改变其化学性质的废物，最好在废物产生现场或加热使其溶化后，采集液态废物样品，亦可分别包装，采集固体废物样品。

对于黏稠液体废物，有流动而又不宜流动，最好在废物产生现场按"系统采样法"采集样品；当必须从最终容器中采样时，应选择适宜采样器，按"液态废物、件装"采样，因黏稠液体废物难以混匀，建议：份样数按式（2-6）或"查表法"确定的份样数4/3倍。

（三）样品保存

采集工业固体废物样品时，每份样品的保存量至少应为实验室分析需用量的3倍，并必须按以下要求，保存样品。

样品装入容器，立即粘贴样品标签；易挥发废物，采取无顶空、冷冻方式保存样品；光敏感废物，样品应置于深色容器中并于避光处保存；热敏感废物，样品应置于规定温度以下保存；遇水、酸、碱等易发生化学反应的废物，应在隔绝水、酸、碱等条件下贮存；固体废物样品保存，应防止受潮或受降尘等大气污染。

一般来说，固体废物样品保存期为1个月（不含易变质样品）；废物样品应存放特定场所，由专人保管；撤销的废物样品，不得随意丢弃，应送回原采样地或安全处置场所，妥善处置。

第三章 环境监测方法

第一节 环境空气监测方法

一、环境空气监测方法

（一）环境空气自动监测

1. 分析方法

《环境空气质量自动监测技术规范》（HJ/T 193—2005）（以下称《自动监测规范》）规定的区域环境空气质量自动监测系统配置的监测仪器分析方法，见表3-1。

表3-1 环境空气自动监测仪器推荐分析方法

序号	监测项目	点式监测仪器	开放光程监测仪器
1	SO_2	紫外荧光法	差分吸收光谱分析法（DOAS）
2	NO_2/NO_x	化学发光法	差分吸收光谱分析法（DOAS）
3	$PM_{10}/PM_{2.5}$	微量振荡天平法（TEOM）；β射线法	
4	O_3	紫外光度法；紫外荧光法	差分吸收光谱分析法（DOAS）
5	CO	气体滤波相关红外吸收法	非分散红外吸收法

2. 数据采集

区域环境空气质量自动监测系统数据采集方法与要求。

（二）环境空气手工监测

《环境空气质量手工监测技术规范》（HJ/T 194—2005）（以下称《手工监测规范》）要求：区域环境空气质量监测，首先选择国家颁布的标准分析方法（GB分析方法），其次选择国家环境保护行政主管部门颁布的标准分析方法（HJ或HJ/T分析方法），缺乏标准分析方法的监测项目，可采用国家环境保护行政主管部门编制的《空气和废气监测分析方法》（第四版）推荐方法。区域环境空气质量手工监测常用分析方法见表3-2。

表3-2 环境空气监测常用分析方法

序号	监测项目	分析方法	方法标准来源
1	SO_2	四氯汞盐-盐酸副玫瑰苯胺比色法;甲醛吸收-副玫瑰苯胺分光光度法	GB 8970—88;GB/T 15262—94
2	NO_2/NO_x	盐酸萘乙二胺分光光度法;Saltzman法	GB/T 15435—1995;GB/T 15436—1995
3	O_3	靛蓝二磺酸钠分光光度法;紫外光度法	GB/T 15437—1995;GB/T 15438—1995
4	CO	非分散红外法	GB/T 9801—88
5	Pb	火焰原子吸收分光光度法;石墨炉原子吸收分光光度法（暂行）	GB/T 15264—94;HJ 539—2009
6	Cu/Zn/Cr/Cd	原子吸收分光光度法	空气和废气监测分析方法
7	镍/铍/锰	原子吸收分光光度法	空气和废气监测分析方法
8	Hg	巯基棉富集-冷原子荧光分光光度法	空气和废气监测分析方法
9	As	二乙基二硫代氨基甲酸银分光光度法	空气和废气监测分析方法
10	Cr^{6+}	二苯碳酰二肼分光光度法	空气和废气监测分析方法
11	TSP	重量法	GB/T 15432—1995
12	PM_{10}/$PM_{2.5}$	重量法	HJ 618—2011
13	降尘	重量法	GB/T 15265—94
14	氟化物	滤膜-氟离子选择电极法;石灰滤纸-氟离子选择电极法	GB/T 15434—1995;GB/T 15433—1995
15	苯并[a]芘	高效液相色谱法;乙酰化滤纸层析荧光分光光度法	GB/T 15439—1995;GB 8971—88
16	氨	纳氏试剂比色法/离子选择电极法;次氯酸钠-水杨酸分光光度法	GB/T 14668/14669—93;GB/T 14679—93
17	硫化氢	气相色谱法;亚甲基蓝分光光度法	GB/T 14678—93;空气和废气监测分析方法
18	二硫化碳	二乙胺分光光度法	GB/T 14680—93
19	硫酸盐化速率	碱片-重量法;碱片-铬酸钡分光光度法;碱片-离子色谱法	空气和废气监测分析方法
20	甲醛	乙酰丙酮分光光度法;酚试剂分光光度法;离子色谱法	GB/T 15516—1995;空气和废气监测分析方法
21	总烃	气相色谱法	GB/T 15263—94
22	甲苯/二甲苯	气相色谱法	GB/T 14677—93
23	苯乙烯	气相色谱法	GB/T 14670—93
24	硝基苯类	锌还原-盐酸萘乙二胺分光光度法	GB/T 15501—1995
25	苯胺类	盐酸萘乙二胺分光光度法	GB/T 15502—1995

二、酸沉降监测方法

《酸沉降监测技术规范》（HJ/T 165—2004）规定了大气降水中酸沉降监测的干沉降、湿沉降样品分析项目，以及分析方法等项内容。

（一）湿酸沉降监测

1. 分析项目

HJ/T 165—2004规定的湿酸沉降监测分析项目有：电导率（EC）、pH值、硫酸根（SO_4^{2-}）、硝酸根（NO_3^-）、氯离子（Cl^-）、氨离子（NH_4^+）、钙离子（Ca^{2+}）、镁离子（Mg^{2+}）、钠离子（Na^+）、钾离子（K^+）、氟化物（F^-）、降雨（雪）量等。

各级环境监测机构的监测点位对EC、pH值项目，应做到逢雨（雪）必测，同时记录当次降雨（雪）量；其他监测项目，在当月有降雨（雪）情况下，国家级酸雨监测网监测站点应每次降雨（雪）实施全部离子项目分析，不具备条件的监测网站，每月应至少选1个或若干个降水量较大的酸沉降样品，实施全部项目分析。

各级环境监测机构的酸沉降监测点位，可根据实际需要，选择HCO_3^-、Br^-、$HCOO^-$、CH_3COO^-、PO_4^{3-}、NO_2^-、SO_3^{2-}等项目实施监测分析。

2. 分析要求

（1）实验室条件：各级环境监测机构实验室必须具备酸沉降相应实验条件，电源、实验用水、温度、湿度等都必须符合分析项目和所用仪器要求。

（2）分析仪器：酸沉降分析仪器灵敏度、最低检出限等必须符合分析项目要求，仪器设备应按规定检定，并在有效期内使用；用于准确测量的玻璃器皿，例如：容量瓶、移液管等应符合相应精度要求并定期检定。

（3）分析试剂与用水：各级环境监测机构实验室用水，应严格执行《实验室用水规格》（GB 6682—86)规定的3个等级净化水要求；根据不同用途和不同分析项目，选用不同等级实验用水；分析试剂、标准溶液应按规定配制、标定，并在规定时间内使用。

（4）分析操作：酸沉降分析人员应持有相应分析项目技术考核合格证，并按规定定期复查；分析人员依据分析项目，确定相应分析方法，具体分析操作时，必须严格按相应分析步骤开展分析工作；涉及分析仪器使用时，也应严格按相应仪器操作规程操作。

（5）分析记录：酸沉降分析项目原始记录，一律按要求使用钢笔或签字笔填写，不得随意涂改；修改数据时，应在需要修改的数据上画一条横线并加盖记录人印章或签名，修改后数据写在原始数据右上方，同时保留原数据字迹清晰可辨；原始记录必须有分析人、校对人、实验室负责人审核签名。

3. 分析方法

酸湿沉降EC、pH值、相关离子成分分析，全部采用标准分析方法或国际通用分析方法。阴离子分析项目，建议使用离子色谱法；金属阳离子分析项目，建议使用离子色谱法或原子吸收分光光度法；NH_4^+分析，建议使用离子色谱法或纳氏试剂光度法（见表3-3）。

表3-3　湿酸沉降主要监测项目分析方法

监测项目	分析方法	方法标准来源
EC	电极法	GB 13580.3—92
pH	电极法	GB 13580.4—92
SO_4^{2-}	离子色谱法；硫酸钡比浊法；铬酸钡-二苯碳酰二肼光度法	GB 13580.5—92；GB 13580.6—92
NO^{3-}	离子色谱法；紫外光度法；镉柱还原光度法	GB 13580.5—92；GB 13580.8—92
Cl^-	离子色谱法；硫氰酸汞高铁光度法	GB 13580.5—92；GB 13580.9—92
F^-	离子色谱法；新氟试剂光度法	GB 13580.5—92；GB 13580.10—92
K^+/Na^+	原子吸收分光光度法；离子色谱法	GB 13580.12—92
Ca^{2+}/Mg^{2+}	原子吸收分光光度法；离子色谱法	GB 13580.13—92
NH_4^+	纳氏试剂光度法；次氯酸钠-水杨酸光度法；离子色谱法	GB 13580.11—92；GB 13580.11—92

（二）干酸沉降监测

1. 分析项目

HJ/T165-2004规定的干酸沉降监测分析项目有：二氧化硫（SO_2）、臭氧（O_3）、一氧化氮（NO）、二氧化氮（NO_2）、可吸入颗粒物（PM_{10}）、细颗粒物（$PM_{2.5}$）、气态HNO_3、NH_3、HCl、气溶胶等。

2. 监测方法

干酸沉降监测项目中SO_2、O_3、NO、NO_2、PM_{10}、$PM_{2.5}$等，均为环境空气质量自动监测站监测；气态HNO_3、NH_3、HCl、气溶胶等使用多层滤膜法采集样品，再分析测定；多层滤膜法同时也可监测环境空气中SO_2等。

干酸沉降监测仪器投入较大，操作比较复杂，各级环境监测机构可结合实际和相关要求，选定其中某些项目实施监测；附近有环境空气质量自动监测子站（点位）（直线距离不大于1000m），可直接利用环境空气质量自动监测子站相关监测数据；气态HNO_3、NH_3、HCl、气溶胶等监测项目，1次/周连续采样。

各类干酸沉降监测点位监测项目见表3-4。

表3-4　干酸沉降监测项目

点位类型	监测项目	采样方法
城区测点	SO_2、O_3、NO_2、PM_{10}	环境空气质量自动监测技术规范（HJ/T 193—2005）
郊区测点	SO_2、O_3、NO_2、PM_{10}	环境空气质量自动监测技术规范（HJ/T 193—2005）
远郊侧点	SO_2、HNO_3、NH_3、HCl、气溶胶	多层滤膜法

3．分析项目

干酸沉降监测各层滤膜分析项目见表3-5。

表3-5　多层滤膜法分析项目

序号	分析项目	提取液
F_0	F^-、Cl^-、NO_3^-、SO_4^{2-}、Na^+、NH_4^+、K^+、Mg^{2+}、Ca^{2+}	20mL水
F_1	F^-、Cl^-、NO_3^-、SO_4^{2-}、NH_4^+	20mL水
F_2	Cl^-、SO_4^{2-}	20mL0.05%的H_2O_2
F_3	NH_4^+	20mL水

（1）滤膜前处理

将滤膜置入50mL聚丙烯试管中，加入提取液20mL；F_0、F_1、F_3滤膜所加提取液为去离子水；F_2滤膜所加提取液为0.05%（V/V）H_2O_2溶液；将试管置于振摇架上振摇20min，或放置超声清洗槽中超声清洗20min；将样品提取液用孔径0.45μm滤膜过滤，滤液密封后3～5℃保存，以备分析。

（2）分析方法

干酸沉降监测分析方法、分析仪器等要求，与湿沉降监测分析方法、分析仪器等要求相同。

（3）实验条件与记录

干酸沉降监测实验室环境条件监控与记录要求，与湿沉降实验室环境条件监控、记录要求相同。

（4）分析结果

干酸沉降监测原始记录与分析结果表示方法，与湿沉降监测原始记录、分析结果表示方法相同。

第二节　环境水质监测方法

一、地表水质监测方法

《地表水和污水监测技术规范》（HJ/T 91—2002）（以下称《水监测规范》）6～9规定了地表水环境质量监测项目与分析方法，以及流域、应急监测项目与分析方法。

（一）地表水质监测

1. 监测项目

地表水环境质量监测项目见表3-6。

表3-6　地表水环境质量监测项目

水体	必测项目	选测项目
河流	水温、pH值、DO、COD$_{Mn}$、COD$_{cr}$、BOD$_5$、氨氮、总氮、总磷、硫化物、氟化物、硒、砷、汞、Cr^{6+}、镉，铜、锌、铅、氰化物、挥发酚、石油类、阴离子表面活性剂、粪大肠菌群	总有机碳、甲基汞，其他项目参照工业废水监测项目选测，根据水体实际纳污情况，由各级环境保护行政主管部门确定
集中式饮用水源地	水温、pH值、SS、DO、COD$_{Mn}$、COD$_{cr}$、BOD$_5$、氨氮、总氮、总磷、硫化物、氯化物、氟化物、硫酸盐、硝酸盐、铁、锰、硒、砷、汞、Cr^{6+}、镉、铜、锌、铅、氰化物、挥发酚、石油类、阴离子表面活性剂、粪大肠菌群	三氯甲烷、四氯化碳、三氯甲烷、二氯甲烷、1，2-二氯乙烷、环氧氯丙烷、氯乙烯、1，1-二氯乙烯、1，2-二氯乙烯、三氯乙烯、四氯乙烯、六氯丁二烯、苯乙烯、甲醛、乙醛、丙烯醛、三氯乙座、苯、甲苯、乙苯、二甲苯、异丙苯、氯苯、1，2-二氯苯、三氯苯、四氯苯、六氯苯、硝基苯、二硝基苯、2，4-二硝基甲苯、2，4，6-三硝基甲苯、硝基氯苯、2，4-二硝基氯苯、2，4-二氯苯酚、2，4，6-三氯苯酚
湖泊水库	水温、pH值、DO、COD$_{Mn}$、COD$_{cr}$、BOD$_5$、氨氮、总氮、总磷、氟化物、硒、砷、汞、Cr^{6+}、镉、铜、锌、铅、氰化物、挥发酚、石油类、阴离子表面活性剂、硫化物、粪大肠菌群	总有机碳、甲基汞、硝酸盐、亚硝酸盐，其他项目参照工业废水监测项目选测，根据水体实际纳污情况，由各级环境保护行政主管部门确定
排污沟渠	根据水体实际纳污情况，参照工业废水监测项目选测	

潮汐河流监测必测项目，增加氯化物；地表饮用水水源保护区或江河饮用水源，除监测常规项目外，必须注意剧毒和"三致"有毒化学品监测。地表饮用水水源地监测项目，执行《地表水环境质量标准》（GB 3838—2002）表3"集中式生活饮用水地表水源地特定项目标准限值"。

2．分析方法

（1）分析方法选择

首先选用国家标准分析方法、统一分析方法或行业标准方法；当不具备使用标准分析方法时，也可采用原国家环境保护局监督管理司环监〔1994〕017号文、环监〔1995〕号文公布的方法体系。

某些监测项目缺乏"标准"和"统一"分析方法时，可采用ISO、美国EPA、日本JIS方法体系等其他等效分析方法，但应经过验证合格，其检出限、准确度、精密度应能达到质量控制要求。

当规定的分析方法应用于污水、底质（沉积物）、污泥样品分析时，必要时，注意：增加消除基体干扰的净化步骤，并实施可适用性检验。

（2）监测分析方法

地表水环境质量监测项目分析方法，执行《水监测规范》附表1中规定的"水和污水监测分析方法"。

（二）流域水质监测

1．监测项目

流域地表水环境质量监测项目。

2．分析方法

流域地表水环境质量监测项目分析方法，执行《水监测规范》附表1中规定的"水和污水监测分析方法"。

（三）应急水质监测

1．突发性水污染事件监测

由于水污染事件的突发性和复杂性，当国家标准监测分析方法不能满足需求时，可等效采用ISO、美国EPA或日本JIS相关方法，但必须采取加标回收、平行双样等指标，检验监测分析方法的适用性。

突发性水污染事件现场监测，可使用水质检测管或便携式监测仪器等快速检测手段，鉴别、鉴定水污染物种类，并给出定量、半定量测定数据；水污染事件现场无法监测的项目和平行采集的样品，应尽快将样品送回实验室分析；跟踪监测，一般可在采样后，及时送回当地环境监测机构实验室分析。

2．洪水与退水期水质监测

（1）监测项目

①地表水体

pH值、悬浮物（SS）、化学需氧量（COD_{cr}）、氨氮、总氮、总磷、挥发酚、石油类（动植物油）、粪大肠菌群、细菌总数；参照地区水污染物特征，以及洪水区水污染源特征，适当增加相关监测项目。

②饮用水源地（含井水）

pH值、总硬度、悬浮物（SS）、高锰酸盐指数（COD_Mn）、氨氮、硝酸盐氮、亚硝酸盐氮、总磷、硫化物、氯化物、氟化物、挥发酚、总有机碳、总砷、总汞、铅、镉、石油类、粪大肠菌群、细菌总数。

③洪水淹没区企业与危险品存放地

根据工业企业产品、原材料、中间产品和存放危险品种类，以国家控制的水污染物为主，并参照国外相关限制排放的水污染物，确定监测项目。

（2）分析方法

洪水期与退水期地表水环境质量监测项目，执行表3-6规定的监测项目与《水监测规范》附表1中规定的"水和污水监测分析方法"。

洪水淹没区工业企业和危险品存放地水污染物监测，缺乏国家标准分析方法和统一分析方法的监测项目，可采用ISO、美国EPA或日本JIS相关监测分析方法。

二、地下水质监测方法

《地下水环境监测技术规范》（HJ/T 164—2004）（以下称《地下水监测规范》）5、6规定了地下水环境质量监测项目与分析方法，以及实验室分析基本要求。

（一）监测项目与方法

1. 监测方法选择

为保护地下水和满足地下水环境质量评价要求，首先选择《地下水质量标准》（GB/T 14848—93）中要求控制的监测项目；所选地下水质监测项目，应有国家或行业标准分析方法、行业性监测技术规范、行业统一分析方法。

根据地区地下水环境功能，并随着地区经济社会发展、检测条件改善、技术水平提高，酌情增加选测项目；为反映地区地下水质污染状况，结合地区水污染源特征，选择国家水污染物排放标准中要求控制的监测项目；矿区或地球化学高背景区和饮用水地方病流行区，应增加反映地下水特种化学组分天然背景含量的监测项目。

2. 监测分析项目

（1）必测项目

pH值、总硬度、溶解性总固体、高锰酸盐指数（COD_Mn）、氨氮、硝酸盐氮、亚硝酸盐氮、氟化物、挥发性酚、总氧化物、砷、汞、六价铬（Cr^{6+}）、镉、铁、锰、大肠菌群。

（2）选测项目

色、臭、味、浑浊度、氯化物、硫酸盐、碳酸氢盐、石油类、六六六、滴滴涕、铅、铜、锌、钡、镍、阴离子表面活性剂、细菌总数、总α放射性、总β放射性。

第三章 环境监测方法

（二）实验条件要求

1. 实验室环境要求

实验室应保持整洁、安全的操作环境，通风良好，布局合理，相互有干扰的分析项目不在同一实验室内操作，测试区域应与办公场所分离；分析过程中产生酸雾等废气实验室及其试验装置，应配备适宜的排风系统，产生刺激性、腐蚀性、有毒气体的试验应在通风橱内操作；分析天平、无菌分析、化学试剂贮藏应分别单独场所放置，环境条件符合规定要求；实验分析过程中产生的废液、废物等应按相关规范或规定处置，确保环境安全。

2. 实验室环境监控

监测项目或仪器设备对实验室环境条件有单独要求和限制时，应配备有效监控环境条件的设施；当实验室环境条件可能影响检测结果的准确性和有效性时，必须停止监测。

3. 实验用水与器皿

一般实验分析用水的电导率，应小于3.0μS/cm；特殊用水应按有关规定制备，检验合格后使用；应定期清洗盛水容器，防止容器玷污而影响实验用水质量。

根据监测项目需要，选择适宜材质的实验器皿，并按监测项目固定专用，避免交叉污染；实验器皿使用后，应及时清洗、晾干，妥善保存，防止灰尘玷污。

4. 化学试剂要求

环境监测实验分析，应采用符合分析方法规定等级化学试剂；配置一般试液，应采用不低于分析纯级别的化学试剂；取用化学试剂时，应遵循"量用为出、只出不进"原则，取用后及时旋紧试剂瓶盖，分类保存，严防试剂被玷污；固体化学试剂，不宜与液体试剂或试液混合贮存；经常检查化学试剂质量，一经发现变质、失效，应及时清理、处置。

（三）监测仪器设备

首先，根据环境监测项目及其工作量，合理配备地下水采样、现场测试、实验室分析、数据处理和维持环境条件要求的所有仪器设备；其次，用于采样、现场监测、实验室分析仪器设备及其软件应能达到所需准确度，并符合相应监测方法标准或技术规范要求；再次，仪器设备投入使用前应经过检定/校准/检查，以证实可满足相应监测方法标准或技术规范要求，每次仪器设备使用前应检查或校准；最后，在用仪器设备应经常维护，确保其功能正常；此外，对监测结果准确度和有效性有影响的测量仪器，在两次检定之间，应定期使用核查标准（等精度标准器）实施期间核查。

（四）试剂配置与标准溶液标定

地下水实验室的分析试剂配制及其标准溶液标定，基本要求有以下四个方面：

第一，根据地下水监测项目分析所需试剂量适量配制试剂，选择适宜材质和容积试剂瓶盛装，并注意瓶塞的密合性。

第二，当使用工作基准试剂直接配制标准溶液时，所用溶剂应为《分析实验用水规格和试验方法》（GB 6682—1992）规定的二级以上纯水或优级纯（不得低于分析纯）溶剂，称样量应不小于0.1g，使用检定合格的容量瓶定容。

第三，当使用工作基准试剂标定标准溶液浓度时，需两人进行试验，每人四平行，取两人八平行测定结果平均值为标准滴定溶液浓度，其扩展不确定性一般不大于0.2%。

第四，试剂瓶上应贴有标签，标明试剂名称、浓度、配制日期、配置人，需要避光试剂应使用棕色试剂瓶盛装并避光保存，试剂瓶中试液一经倒出，不得返回，冰箱内保存的试液，取用时应将试剂瓶置于室温，使试剂瓶温度与实验室室温平衡后再量取。

三、近岸海域水质监测方法

《近岸海域环境监测规范》（HJ 442—2008）（以下称《近岸海域监测规范》）4.3.3规定的近岸海域水质监测方法。

近岸海域主要水文与气象参数观测，见表3-7。

表3-7 水文与气象参数观测方法

观测项目	分析方法	最多有效位数	小数点后位数	最低检出限	方法标准来源
水温	表层水温表法	3	1	0.1℃	GB 17378.4
水色/嗅和味	比色法/感官法	-	-	-	GB 12763.2/GB 17378.4
水深	测深仪法或测深绳法	3	1	0.1m	GB 12763.2
透明度	目视法	2	1	0.1m	GB 17378.4
海况	目视法	-	-	-	GB 12763.2
风向	风向风速仪测定法	3	0	1°	GB 12763.2
风速	风向风速仪测定法	3	1	0.1m/s	GB 12763.2
气温	干湿球温度计测定法	3	1	0.1℃	GB 12763.3
气压	空盒气压表测定法	5	1	0.1hPa	GB 12763.3
天气现象	目视法	-	-	-	GB 12763.3

第三节 土壤底质监测方法

一、土壤环境监测方法

《土壤环境监测技术规范》（HJ/T 166—2004）（以下称《土壤监测规范》）8～11规定了土壤环境样品制备、样品保存、土壤监测项目与样品分析方法，以及分析记录与结果表示方法。

（一）样品制备

1．制样工作室要求

制样工作室应分设风干室和磨样室。风干室朝向应向南，严防阳光直射土壤样品；通风良好，整洁，无尘，无易挥发性化学物质。

2．制样工具与容器

制样工具与容器主要有五项：一是风干用白色搪瓷盘与木盘；二是粗粉碎用木槌、木滚、木棒、有机玻璃棒、有机玻璃板、硬质木板、无色聚乙烯薄膜；三是磨样用玛瑙研磨机（球磨机）或玛瑙研钵、白色瓷研钵；四是过筛用尼龙筛，规格为2～100网目；五是装样用具塞磨口玻璃瓶，具塞无色聚乙烯塑料瓶或特制牛皮纸袋，规格视量而定。

3．制样程序

制样者与样品管理员应同时核实清点，交接样品，在样品交接单上双方均应签字确认。

（1）风干

在风干室将土壤样品放置于风干盘中，摊成2～3cm薄层，适时压碎、翻动，拣出碎石、砂砾、植物残体。

（2）样品粗磨

在磨样室，将风干的样品倒在有机玻璃板上；使用木槌敲打，木滚、木棒、有机玻璃棒再次压碎，拣出杂质，混匀，并用四分法取压碎样，过孔径0.25mm（20网目）尼龙筛；过筛后样品全部置于无色聚乙烯薄膜上，并充分搅拌混匀，再采用四分法取其两份，一份交样品库存放，另一份作样品细磨使用。粗磨样可直接用于土壤pH值、阳离子交换量、元素有效态含量等项目分析。

（3）细磨样品

用于细磨的样品再用四分法分成两份，一份研磨到全部过孔径0.25mm（60网目）筛，用于农药或土壤有机质、土壤全氮量等项目分析；另一份研磨到全部过孔径0.15mm（100网目）筛，用于土壤元素全量分析。

（4）样品分装

研磨混匀后土壤样品，分别装于样品袋或样品瓶，填写土壤标签一式两份，瓶内或袋内一份，瓶外或袋外粘贴一份。

应当注意：在土壤样品制作过程中，采样时的土壤标签应与采集的土壤样品始终存放在一起，严禁混淆、错装，土壤样品名称和编码应始终保持不变；土壤样品制作工具，每处理一份样品后必须擦抹（清洗）干净，严防交叉污染；分析挥发性、半挥发性有机物或可萃取有机物样品，无需采取上述土壤样品制作过程，必须使用新鲜土壤样品，并按特定方法进行土壤样品前处理。

（二）样品保存

土壤样品应按样品名称、编号、粒径分类保存。

1. 新鲜样品保存

易分解或易挥发等不稳定组分样品，应采取低温保存、运输方法，并尽快送至实验室分析。测试项目需要新鲜样品的土样，采集后使用可密封的聚乙烯或玻璃容器，4℃以下避光保存，样品应充满容器；避免使用含待测组分或干扰测试的材料制成的容器盛装保存样品，测定有机污染物的土壤样品应选用玻璃容器保存。新鲜样品保存条件见表3-8。

表3-8　新鲜样品保存条件和时间

测试项目	容器材质	温度/℃	可保存时间/d	备注
金属（不含汞、六价铬）	聚乙烯/玻璃瓶	<4	180	
汞	玻璃瓶	<4	28	
砷	聚乙烯/玻璃瓶	<4	180	
六价铬	聚乙烯/玻璃瓶	<4	1	
氰化物	聚乙烯/玻璃瓶	<4	2	
挥发性有机物	棕色玻璃瓶	<4	7	采样瓶装满装实并密封
半挥发性有机物	棕色玻璃瓶	<4	10	采样瓶装满装实并密封
难挥发性有机物	棕色玻璃瓶	<4	14	

2. 预留样品

土壤预留样品，应在样品库登记造册、保存。

3. 剩余样品

分析取用后的剩余土壤样品，待测定全部完成、数据报出后，亦移交样品库保存。

4. 保存时间

分析取用后的剩余样品，一般保留半年；预留样品，一般保留2年。特殊、珍稀、仲裁、有争议样品，一般永久保存。新鲜土样保存时间见表3-8。

5．样品库要求

土壤样品库应保持干燥、通风，无阳光直射、无污染；应定期清理土壤样品，防止霉变、鼠害、标签脱落。土壤样品入库、领用、清理，均需记录。

（三）土壤分析测定

1．测定项目

土壤测定项目分为常规项目、特定项目、选测项目，其中：常规项目包括基本项目、重点项目，选测项目包括影响产量项目、污水灌溉项目、POPs与高毒类农药项目、其他相关项目。

2．样品处理

土壤与污染物种类繁多，不同土壤中的不同污染物样品处理与测定方法不尽相同；同时，根据不同监测目的与要求，选定土壤样品处理方法。

仲裁监测，必须选定《土壤环境质量标准》（GB 15618—2008）选配分析方法中规定的样品处理方法；其他类型监测，优先使用国家土壤测定标准，GB 15618—2008中缺乏的项目或国家土壤测定方法标准暂缺项目，可使用等效测定方法中样品处理方法。样品处理方法，见"GB 15618—2008中3、分析方法"，按选用分析方法规定处理土壤样品。

由于土壤组成复杂性和土壤物理化学性状（pH、Eh等）差异，因而，造成土壤环境中重金属及其他污染物形态复杂和多样性。不同形态金属其生理活性和毒性均有差异，其中：有效态和交换态活性、毒性最大，残留态活性、毒性最小，其他结合态活性、毒性居中。部分形态分析的样品处理方法，见《土壤监测规范》附录D："土壤样品预处理方法"。

一般区域背景值调查与GB 15618—2008中重金属测定的是土壤中重金属全量（除特殊说明外，例如：六价铬），测定土壤中重金属全量方法见相关分析方法，其等效方法亦可参见《土壤监测规范》附录D："土壤样品预处理方法"。

测定土壤中有机污染物样品的处理方法，见相关分析方法；其原则性处理方法，参见《土壤监测规范》附录D："土壤样品预处理方法"。

3．分析方法

（1）方法I：标准方法，即：仲裁方法，按《土壤环境质量标准》（GB 15618—2008）中选配的分析方法（见表3-9）。

表3-9　土壤环境常规监测项目与分析方法

监测项目	分析仪器	分析方法	方法标准来源
pH值	pH计	森林土壤pH值测定	GB 7859—87
汞	测汞仪	冷原子吸收法	GB/T 17136—1997
铬	原子吸收光谱仪	火焰原子吸收分光光度法	GB/T 17137—1997
镉	原子吸收光谱仪	KI-MIBK萃取/石墨炉原子吸收分光光度法	GB/T 17140/17141—1997
砷	分光光度计	二乙基二硫代氨基甲酸银/硼氢化钾-硝酸银分光光度法	GB/T 17134/17135—1997
铅	原子吸收光谱仪	KI-MIBK萃取/石墨炉原子吸收分光光度法	GB/T 17140/17141—1997
铜	原子吸收光谱仪	火焰原子吸收分光光度法	GB/T 17138—1997
锌	原子吸收光谱仪	火焰原子吸收分光光度法	GB/T 17138—1997
镍	原子吸收光谱仪	火焰原子吸收分光光度法	GB/T 17139—1997
六六六/滴滴涕	气相色谱仪	电子捕获气相色谱法	GB/T 14550—2003
六种多环芳烃	液相色谱仪	高效液相色谱法	GB 13198—91
稀土总量	分光光度计	对马尿酸偶氮氯膦分光光度法	
阳离子交换量	滴定仪	乙酸铵法	

（2）方法Ⅱ：由权威部门规定或推荐的方法。

（3）方法Ⅲ：结合各地区实际情况，自选等效方法，但应作标准样品验证或比对实验，其检出限、准确度、精密度不低于相应的通用方法要求水平或待测物质准确定量要求。

土壤环境监测项目与分析方法Ⅰ、Ⅱ、Ⅲ汇总结果见表3-10。

表3-10 土壤环境监测项目与分析方法

监测项目	推荐方法	等效方法	说明
pH值	ISE	-	ISE:离子选择性电极法;VOL:容量法;POT:电位法;COL:分光光度法;HG-AAS:氢化物发生原子吸收法;HG-AFS:氢化物发生原子荧光法;AAS:火焰原子吸收法;GF-AAS:石墨炉原子吸收法;ICP-AES:等离子发射光谱法;XRF:X-荧光光谱分析法;ICP-MS:等离子体质谱联用法;POL:催化极谱法;INAA:中子活化分析法;GC:气相色谱法;LC:液相色谱法;GC-MS:气相色谱-质谱联用法;LC-MS:液相色谱-质谱联用法。
有机质	VOL	-	
汞	HG-AAS	HG-AFS	
铬	AAS	GF-AAS、ICP-AES、XRF、ICP-MS	
镉	GF-AAS	POL、ICP-MS	
砷	COL	HG-AAS、HG-AFS、XRF	
铅	GF-AAS	ICP-MS、XRF	
铜	AAS	GF-AAS、ICP-AES、XRF、ICP-MS	
锌	AAS	ICP-AES、XRF、INAA、ICP-MS	
镍	AAS	GF-AAS、XRF、ICP-AES、ICP-MS	
硒	HG-AAS	HG-AFS;DAN荧光、GC	
钴	AAS	GF-AAS、ICP-AES、ICP-MS	
锰	AAS	ICP-AES、INAA、ICP-MS	
钒	COL	ICP-AES、XRF、INAA、ICP-MS	
氟	ISE	-	
硫	COL	ICP-AES、ICP-MS	
PCBs、PAHs	LC、GC	-	
VOC	GC、GC-MS	-	
SVOC	GC、GC-MS	-	
POPs	GC、GC-MS、LC、LC-MS	-	
除草剂、杀虫剂	GC、GC-MS、LC	-	
阳离子交换量	VOL	-	

（四）分析结果表示

1. 分析记录

土壤环境监测分析记录,一般设计成记录本格式,页码、内容齐全,使用碳素墨水笔据实填写,字迹清楚,需要更正时,应在错误数据(文字)上画一横线,在其上方写上正确内容,并在所划横线上加盖修改者名章或签名,以示负责。

分析记录也可设计成活页,随分析报告流转和保存,便于复核审查;也可以是电子版输出物(打印件)或存有其信息的光盘等。记录测量数据,应采用法定计量单位,仅保留1位可疑数字;有效数字位数,应依据计量器具精度与分析仪器示值确定，不得随意增添或删除。

2．数据运算

有效数字计算修约规则，执行GB 8170—2008；采样、运输、储存、分析失误造成的离群数据应剔除。

3．结果表示

土壤环境监测项目平行样测定结果，使用平均数表示；一组测定数据使用Dixon法、Grubbs法检验，剔除离群值后，以平均值报出。低于分析方法检出限的测定结果，以"未检出"报出；参加统计时，按1/2最低检出限计算。

土壤样品测定，一般保留3位有效数字；含量较低的汞、镉等，保留2位有效数字，并注明检出限数值。分析结果精密度数据，一般取1位有效数字；当测定数据很多时，可取2位有效数字。表示分析结果的有效数字位数，不可超过方法检出限最低位数。

二、底质环境监测方法

（一）地表水底质监测方法

《水监测规范》规定了地表水中底质必测项目与选测项目，规定了地表水中底质监测项目与分析方法。

1．底质监测项目

（1）必测项目：汞、烷基汞、铬、六价铬、镉、砷、铅、锌、铜、硫化物、有机质。

（2）选测项目：有机氯农药、有机磷农药、除草剂、PCBs、烷基汞、苯系物、多环芳烃、邻苯二甲酸酯类。

2．底质分析方法

当《水监测规范》规定分析方法应用于底质和污泥样品分析时，必要时应注意增加消除基体干扰的净化步骤，并进行可适用性检验。其余底质与污泥分析方法，同地表水与污水监测分析方法。

（二）海水沉积物监测方法

《近岸海域监测规范》9.2.3规定了海水中沉积物必测项目与选测项目，9.2.4.5规定了海水中沉积物重金属与有机物样品制备方法，9.2.5规定了海水中沉积物监测分析方法。

1．沉积物监测项目

（1）必测项目：汞、镉、砷、铅、锌、铜、总氮、总磷、有机碳、石油类、粒度、六六六、滴滴涕。

（2）选测项目：色（嗅、味）、氧化还原电位、硫化物、多氯联苯、大肠菌群、粪大肠菌群、铬、沉积物类型、废弃物及其他。

2. 沉积物样品制备

（1）测定重金属样品制备

将聚乙烯袋中湿样转至洗净并编号的瓷蒸发皿中，置于80～100℃烘箱内，排气烘干；将烘干样品摊放在洁净聚乙烯板上，使用聚乙烯棒将样品压碎，剔出砾石、颗粒较大的动植物残骸；将样品装入玛瑙钵中，放入玛瑙球，在球磨机粉碎至全部通过160网目聚乙烯筛，亦可使用玛瑙研钵手工粉碎，使用160网目尼龙筛加盖过筛，严防样品溢出。

将加工后样品充分混匀，缩分取10～20g，置入已填写采样点位、层次等的样品袋，送各实验室分析，其余样品装入250mL聚乙烯瓶，盖紧瓶塞，留作副样保存。

（2）测定有机物样品制备

将样品摊放在已洗净并编号的搪瓷盘中，置于室内阴凉通风处，不时地翻动样品并将大块压碎，制成风干样品，或直接将样品置于冷冻干燥机中风干；将风干样品摊放在洁净聚乙烯板上，使用聚乙烯棒将样品压碎，剔出砾石、颗粒较大的动植物残骸，然后，在球磨机粉碎或使用瓷研钵手工粉碎至全部通过80网目金属筛，注意加盖过筛，严防样品溢出。

将加工后样品充分混匀，缩分取40～60g，置入已填写采样点位、层次等的样品袋，送各实验室分析，其余样品装入250mL磨口玻璃瓶，盖紧瓶塞，留作副样保存。

第四节 生态监测方法

一、生态环境调查方法

《环境影响评价技术导则生态影响》（HJ 19—2011）6.1规定了生态环境现状调查基本要求，主要调查内容与方法。

（一）调查基本要求

生态环境调查是生态环境现状评价、生态环境影响预测的基础和依据，调查指标和内容应能反映评价工作范围内生态环境背景特征，以及当前主要生态环境；在有特殊生态敏感区、重要生态敏感区等敏感生态环境保护目标，或其他特别保护要求对象时，应开展专题调查。

生态环境现状调查，应在搜集评价区域资料的基础上，开展现场调查工作；调查范围应不小于评价工作范围。一级评价，应列出采样地样方实测、遥感等方法测定的生物量、物种多样性等数据，列出主要生物物种名录，受保护野生动植物物种等调查资料；二级评价，其生物量与物种多样性调查，可依据已掌握的资料推断，或实测一定数量的、具有代表性的样方予以验证；三级评价，可充分借鉴已掌握的资料进行说明。

（二）主要调查内容

1. 生态环境背景调查

依据生态影响空间与时间尺度特征，调查影响区涉及生态系统类型、结构、功能、过程，以及地形地貌、气象水文、水文地质、土壤等非生物因子特征，重点调查受保护珍稀濒危物种、关键种、土著种、建群种、特有种，天然重要经济物种；若涉及国家和省级保护、珍稀濒危、地方特有物种时，应逐个或逐类说明其类型、分布、保护级别、保护状况等；若涉及特殊和重要生态敏感区时，应逐个说明生态类型、等级、分布、保护对象、功能区划、保护要求等。

2. 主要生态问题调查

调查影响区域内业已存在的、制约本区域可持续发展的主要生态环境问题，例如：水土流失、沙漠化、石漠化、盐渍化、自然灾害、生物侵入、污染危害等，指出其类型、成因、空间分布、发生特点等。

（三）主要调查方法

1. 资料搜集法

搜集已有的、可反映评价区域生态环境现状或生态环境背景的资料，从表现形式看，可分为文字型资料、图片与图形资料；从时期看，可分为历史资料、现状资料；从行业类别看，可分为农、林、牧、渔、城乡建设、自然保护、环境保护、水土保持、国土资源部门等；从资料性质看，可分为生态环境专项调查成果资料、相关污染源调查成果资料、环境质量评价文件、环境影响评价文件、中长期环境保护规划、中长期生态环境保护规划、区域流域专项环境规划、生态省（市、县区、乡镇、村）建设规划、近期地方志与专业方志、生态环境功能区划、相关生态环境保护政策法规与技术规范、生态敏感目标基本要求，以及其他单项生态环境现状调查资料等。使用资料搜集法时，应保证生态环境资料的现实性，引用生态环境资料必须建立在现场校验的基础之上。

2. 现场勘查法

现场勘查应遵循整体与重点相结合的原则，在综合考虑主导生态环境因子结构与功能完整性的同时，突出重点区域流域与关键时段的调查，并通过对影响区域实地踏勘，尤其涉及国家和省（市、县）级保护物种、珍稀濒危物种、地方特有物种、自然与景观保护目标、文物保护单位等生态环境敏感目标，应辅以现场照相或摄像，核实搜集资料的准确性，以获取生态环境实际资料和数据。

3. 专家与公众咨询法

专家和社会公众咨询法是现场勘查的有益补充。通过咨询有关专家，搜集评价工作范围内相关管理部门、社会团体、公众个人对生态环境影响的意见和建议，发现现场勘查中遗漏的生态环境问题；专家和社会公众咨询，应与资料搜集、现场勘查同步实施。

4．生态监测法

当资料搜集、现场勘查、专家与公众咨询提供的相关文献资料和数据无法满足评价工作定量需要，或开发建设项目可能存在潜在的或长期累积效应时，可考虑采用生态监测法。

生态监测应依据监测因子的生态学特征和干扰活动特点，确定监测点位、监测频率，有代表性地布点监测。生态监测方法与技术要求须符合国家现行的相关生态环境监测技术规范、监测标准分析方法；生态系统生产力调查，必要时应现场采样、实验室分析测定。

5．遥感调查法

当涉及调查范围较大或主导生态因子空间等级尺寸较大，相关技术规范规定调查周期时限、人力踏勘较为困难或难以完成规定的评价工作时，开采用遥感调查法。遥感调查过程中必须辅以必要的现场勘查工作。

二、海洋生物监测方法

《近岸海域监测规范》附录F中规定了近岸海域海洋生物监测项目与分析方法，见表3-12。

表3-12　海洋生物分析方法

序号	监测项目	分析方法	方法标准来源
1	叶绿素a	分光光度法，荧光光度法	GB 17378.7
2	浮游植物（定性）	镜检法	GB 17378.7
3	浮游植物（定量）	浓缩计数法，沉降计数法	GB 17378.7
4	浮游动物（定性）	镜检法	GB 17378.7
5	浮游动物（定量）	分种计数法，称重法	GB 17378.7
6	底栖生物（定性）	镜检法，目检法	GB 17378.7
7	底栖生物（定量）	分类称重法	GB 17378.7
8	潮间带生物（定性）	镜检法，目检法	GB 17378.7
9	潮间带生物（定量）	分类称重法	GB 17378.7
10	麻痹性贝毒	小白鼠试验法	GB 17378.7
11	生物毒性试验	-	GB 17378.7
12	鱼类回避反应试验	-	GB 17378.7
13	滤食率测定	-	-

第五节 污染源监测方法

一、大气污染源监测方法

《固定源废气监测技术规范》（HJ/T 397—2007）中11～12规定了各类锅炉、窑炉等固定大气污染源监测分析方法和监测结果表示方法。

（一）监测分析方法

1. 方法选择原则

选择固定大气污染源监测分析方法应当遵循四项原则：一是充分考虑相关排放标准规定、大气污染源排放特征、大气污染物排放浓度高低、监测分析方法最低检测限和干扰因素等；二是排放标准有监测分析方法时，应采用该标准规定方法；三是排放标准无监测分析方法的项目，应选用国家环境标准、环境保护行业标准规定方法；四是缺乏标准监测分析方法的项目，可采用国际标准化组织（ISO）或其他国家的等效方法，但应验证合格，检测限、准确度、精密度可达到监测质量控制要求。

2. 监测分析方法

固定大气污染源排气中主要大气污染物监测分析方法见表3-13。

表3-13 固定源主要大气污染物监测分析方法

序号	监测项目	分析方法标准名称	方法标准来源
1	二氧化硫	固定污染源排气中二氧化硫的测定 碘量法	HJ/T 56
		固定污染源排气中二氧化硫的测定 定电位电解法	HJ/T 57
2	氮氧化物	固定污染源排气中氮氧化物的测定 紫外分光光度法	HJ/T 42
		固定污染源排气中氮氧化物的测定 盐酸萘乙二胺分光光度法	HJ/T 43
3	硫酸雾	硫酸浓缩尾气 硫酸雾的测定 铬酸钡比色法	GB 4920
4	铬酸雾	固定污染源排气中铬酸雾的测定 二苯基碳酰二肼分光光度法	HJ/T 29
5	饮食业油烟	饮食业油烟排放标准	GB 18483
6	沥青烟	固定污染源排气中沥青烟的测定 重量法	HJ/T 45
7	氯化氢	固定污染源排气中氯化氢的测定 硫氰酸汞分光光度法	HJ/T 27
8	氯气	固定污染源排气中氯气的测定 甲基橙分光光度法	HJ/T 30
9	光气	固定污染源排气中光气的测定 苯胺紫外分光光度法	HJ/T 31

（二）监测结果表示

1. 废气排放量

固定大气污染源废气排放量，以单位时间标准状态下干废气体积表示；某工况下湿废气排放量，按下式计算：

$$Q_s = 3600 \times F \times V_s \tag{3-1}$$

式中：Q_s——测量工况下湿废气排放量，m^3/h；

F——废气管道测定断面面积，m^3；

V_s——管道测定断面排气平均流速，m/s。

固定大气污染源标准状态下干废气排放量，计算方法如下式：

$$Q_{sn} = Q_s \times \frac{B_a + P_s}{101325} \times \frac{273}{273 + t_s}(1 - X_{sw}) \tag{3-2}$$

式中：Q_{sn}——标准状态下干废气排放量，m^3/h；

B_a——大气压力，Pa；

P_s——废气排放静压，Pa；

t_s——废气排放温度，℃；

X_{sw}——排放废气中水分含量体积百分数，%。

2. 污染物排放速率

大气污染物排放速率，以单位小时污染物排放量表示，计量单位：kg/m^3，按下式计算：

$$G = \overline{G'} \times Q_{sn} \times 10^{-6} \tag{3-3}$$

式中：G——大气污染物排放速率，kg/m^3；

$\overline{G'}$——大气污染物实测排放浓度，mg/m^3；

Q_{sn}——标准状态下废气排放量，m^3/h。

3. 净化装置性能

根据大气污染物净化装置进口和出口气流中污染物排放量，计算其净化效率。计算方法如下式：

$$\eta = \left[\frac{G_J - G_C}{G_J}\right] \times 100\% = \left[\frac{Q_J C_J - Q_C C_C}{Q_J C_J}\right] \times 100\% \tag{3-4}$$

式中：η——某大气污染物净化设备的净化效率，%；

G_J、G_C——净化装置进口和出口某污染物排放速率，kg/h；

C_J、C_C——净化装置进口和出口某污染物排放浓度，mg/m^3；

Q_J、Q_C——净化装置进口和出口标准状态下干排气量，m^3/h。

气流通过净化装置产生的压力损失，称为净化装置的阻力；净化装置阻力按下式计算：

$$\Delta P = P_J - P_C \tag{3-5}$$

式中：ΔP——某大气污染物净化装置阻力，Pa；

P_J——净化装置进口端管道中废气全压，Pa；

P_C——净化装置出口端管道中废气全压，Pa。

某大气污染物净化装置漏风率按风量平衡法测定，漏风率计算方法如下式：

$$E = \left[1 - \frac{Q_C}{Q_J} \right] \times 100\% \tag{3-6}$$

式中：E——某大气污染物净化装置漏风率，%；

Q_C——净化装置出口标准状态下干排气量，m^3/h；

Q_J——净化装置进口标准状态下干排气量，m^3/h。

4. 污染物排放浓度

大气污染物排放浓度，以标准状态下干排气量的质量体积比浓度（mg/m^3 或 $\mu g/m^3$）表示，按下式计算：

$$C' = \frac{m}{V_{nd}} \times 10^6 \tag{3-7}$$

式中：C'——某大气污染物排放浓度，mg/m^3；

V_{nd}——标准状态下采集的干排气体积，L；

m——采样所得某大气污染物质量，g。

当测量结果以体积比浓度（ppm 或 ppb）表示时，应将此浓度换算成质量体积比浓度（mg/m^3 或 $\mu g/m^3$），方法如下式：

$$C' = \frac{M}{22.4} X \tag{3-8}$$

式中：C'——某大气污染物质量体积比浓度，mg/m^3 或 $\mu g/m^3$；

M——某大气污染物摩尔质量，g；

22.4——某大气污染物摩尔体积，L；

X——某大气污染物体积比浓度，ppm 或 ppb。

二、水污染源监测方法

《地表水和污水监测技术规范》（HJ/T 91—2002）（以下称《水监测规范》）6.1.2.6.2 分别规定了工业废水和水污染源监测项目与分析方法。

（一）监测项目

工业废水监测项目见表 3-14。

表3-14 工业废水监测项目

行业类型		必测项目	选测项目
黑色金属矿山采掘业（含磷铁矿/赤铁矿/锰矿等）		pH值、悬浮物（SS）、重金属	硫化物、氯化物、锡
钢铁工业（含选矿/烧结/炼焦/炼铁/炼钢/连铸/轧钢等）		pH值、SS、COD、氨氮、挥发酚、氰化物、石油类、六价铬、锌	BOD_5、硫化物、氟化物、铬
选矿药剂制造业		SS、COD、BOD_5、硫化物、重金属	-
有色金属矿山采掘与冶炼业（含选矿/烧结/电解/精炼等）		pH值、SS、COD、氰化物、重金属	硫化物、铍、铝、钒、钴
非金属矿物制品业		pH值、SS、COD、BOD_5、金属石油类	
煤气生产和供应业		pH值、SS、COD、BOD_5、硫化物、石油类、挥发酚、重金属	多环芳烃、苯并[a]芘、挥发性卤代烃
火力发电（热电）业		pH值、SS、COD、硫化物	BOD_5
电力/蒸汽/热水生产和供应业		pH值、SS、COD、硫化物、石油类、挥发酚	BOD_5
煤炭采掘业		pH值、SS、硫化物	COD、BOD_5、砷、石油类、挥发酚、汞
焦化业		SS、COD、氨氮、石油类、挥发酚、CN^-、苯并[a]芘	总有机碳
石油开采业		SS、CCD、BOD_5、石油类、硫化物、挥发性卤代烃、总有机碳	挥发酚、总铬
石油加工及炼焦业		SS、COD、BOD_5、石油类、硫化物、挥发酚、总有机碳、多环芳烃	氯化物、铝、苯系物、苯并[a]芘
化学矿采掘业	硫铁矿	pH值、SS、COD、BOD_5、硫化物、砷	-
	磷矿	pH值、SS、氟化物、磷酸盐、黄磷、总磷	-
	汞矿	pH值、SS、汞	硫化物、砷

《水监测规范》6.1.2.6规定：水污染源监测项目，执行《污水综合排放标准》（GB 8978—1996）及其相关行业水污染物排放标准中规定的监测项目。

（二）分析方法

《水监测规范》6.2规定：污水监测分析方法选择原则，"分析方法选择"相同，不再赘述；监测分析方法，执行《水监测规范》附表1中规定的"水和污水监测分析方法"，见表3-15。

表3-15　水和污水监测分析方法

监测项目	分析方法	有效位数	小数点后位数	最低检出限	方法标准来源
水温	温度计法	3	1	0.1℃	GB 13195—91
色度	铂钴比色法/稀释倍数法	-	-	-	GB 11903—89
透明度	铅字法/塞氏圆盘法/十字法	2	1/1/0	0.5/0.5/5cm	（1）
浊度	分光光度法/目视比色法	3	0/1	3度/1度	GB 13200—91
嗅	文字描述法/嗅阈值法	-	-	-	（1）
pH值	玻璃电极法	2	2	0.1（pH）	GB 6920—86
酸/碱度	酸碱指示剂滴定法/电位滴定法	3/4	1/2	-	（1）
悬浮物	重量法	3	0	4mg·L⁻¹	GB 11901—89
矿化度	重量法	3	0	4mg·L⁻¹	（1）
电导率	电导仪法	3	1	1μS/cm（25℃）	（1）
总硬度	EDTA滴定法/钙镁换算计/流动注射法	3	2	0.05mol·L⁻¹	GB 7477—87/（1）/（1）
溶解氧	碘量法/电化学探头法	3	1	0.2mg·L⁻¹	GB 7489—87 GB/T 11913—89
高锰酸盐指数	碱性高锰酸钾法/流动注射连续测定法	3	1	0.5mg·L⁻¹	（1）
化学需氧量	重铬酸钾法/库仑法/快速COD测定法	3	0/0/1	5/2/2mg·L⁻¹	GB 11914—89/（1）/（1）
生化需氧量	稀释与接种法/微生物传感器快速测定法	3	1	2.0mg·L⁻¹	GB 7488—87 HJ/T 86—2002
氨氮	纳氏试剂/水杨酸光度法/滴定法/电极法	3	3	0.025/0.01/0.2/0.03mg·L⁻¹	GB 7479—87 GB 7481—87
硝酸盐氮	酚二磺酸/紫外光度法/镉柱还原法/离子色谱法/气相分子吸收法/电极法	3	3/273/2/3/2	0.02/0.08/0.005/0.04/0.03/0.21mg·L⁻¹	GB 7480—87/（1）

c_i

三、固体废物污染源监测方法

固体废物污染源监测项目与分析方法，应执行地表水和污水底泥、海水沉降物监测项目与分析方法，以及相关行业固体废物（危险废物）污染物（辐射）排放标准、其他专项固体废物（危险废物）污染物（辐射）监测技术规范中规定的监测项目及其分析方法。

第四章 环境监测质量管理

第一节 环境监测质量管理概述

环境监测质量管理是指在环境监测的全过程中为保证监测数据和信息的代表性、准确性、精密性、可比性和完整性所实施的全部活动和措施，包括过程管理、质量策划、质量保证、质量控制、质量改进和质量监督等内容。

环境监测质量管理是环境监测工作的生命线，是实现环境监测有效管理的重要保证。建立科学有效的系统质量管理体系，开展全面的质量管理，对提高环境监测管理水平，规范环境监测行为，提升监测数据的公信力，为环境管理、环境执法、环境科研和政府的环境决策提供坚强支撑具有积极的作用。

一、我国环境监测质量管理工作的发展历程

自1973年第一次全国环境保护会议召开以后，我国的环境保护进入一个崭新的历史发展时期。作为环保工作基础和重要组成部分的环境监测工作也随之起步。起步之初由于监测人员数量较少、仪器设备装备简单和监测内容较为局限，与之相应的监测质量保证未能贯穿于实际的监测工作中。1984年，全国环境监测工作会议提出"监测站点网络化、采样布点规范化、分析方法标准化、处理数据计算机化、质量保证系统化"的目标，同年我国第一部系统介绍环境监测质量保证和质量控制措施的专著《环境水质监测质量保证手册》出版发行。1986年国家环境保护局颁布了《环境监测技术规范》（含水和废水、大气和废气、噪声、生物四个部分），1987年《环境空气监测质量保证手册》出版发行。至此，全国的环境监测质量保证工作在环境监测工作中逐渐开展。随着各级环境监测机构的逐步建立及检测能力的逐步加强和提高，我国开始有组织、较为系统地推进环境监测的质量保证工作，以质控考核和技术培训为主线，逐步探索出初具中国特色的环境监测质量控制和质量保证模式。在建章立制、组织机构、内部管理体系、监测标准和技术规范体系建设、人员培训、标准样品研制等方面取得了长足发展。

随着环境监测行政管理部门的设定和不断强化，监测质量行政管理工作逐步提上议事日程，围绕监测机构、人员、标准方法等质量管理的关键环节开展了大量工

作。1991年国家环境保护局颁布了《环境监测质量保证管理规定》（暂行）、《环境监测人员合格证制度》（暂行）和《环境监测优质实验室评比制度》（暂行），随后在全国范围内开展了国家级和省级的首次环境监测优质实验室和优秀实验员的评比工作。在20世纪80年代末90年代初，不少省、市结合自己的特点，相继制定了地方的环境监测质量管理和质量保证规定，成立了专职从事质量管理、质量保证和质量控制的职能科室。1993年，国家环保局制订了"环境监测机构计量认证的实施和环境监测机构计量认证评审内容和考核要求"，并正式出版了《环境监测机构计量认证和创建优质实验室指南》，将环境监测机构计量认证纳入了法制轨道。通过计量认证，建立了内部的质量管理体系。在这个时期，国家先后颁布了诸多环境监测技术标准和规范，使得环境监测质量的规范管理化有了较为全面的技术依据。通过国家和省（市）的技术培训与考核，显著提升了监测人员的素质和技术水平，基本做到了监测人员的持证上岗。初步建立了我国的环境监测质量管理体系。

进入21世纪以来，我国的环境监测技术和监测能力有了突飞猛进的发展，环境监测的质量管理在以监测具体环节实施质控的基础上，更加强调和注重监测质量管理的系统性和全面性。经过近20年的计量认证评审工作，使各级环境监测机构的质量管理体系日臻完善与合理可行。我国的监测方法标准逐步健全，仅2000年后国家就发布了200多项环境监测方法标准，《土壤环境监测技术规范》（HJ/T 166—2004）、《环境监测质量管理技术导则》（HJ 630—2011）、《突发环境事件应急监测技术规范》（HJ 589—2010）、《固定污染源监测质量保证与质量控制技术规范（试行）》（HJ/T 373—2007）、《固定源废气监测技术规范》（HJ/T 397—2007）、《环境空气质量评价技术规范（试行）》（HJ 663—2013）和《环境空气质量监测点位布设技术规范（试行）》（HJ 664—2013）等标准的发布，为做好环境监测的质量管理提供了技术保障。随着原国家环保总局在全国环境监测系统内卓有成效地开展监测站标准化建设工作，国家和省市级环境监测机构均设置了单独的环境监测质量管理机构，充实了各级环境监测机构质量管理的人员，配备了有关质量保证的专用仪器设备和实验室，加强了日常的质量监督、仪器的核查和管理体系的内部审核，全国环境监测的质量管理水平与能力得到了全面提升。

二、质量管理的特点

环境监测质量管理是使用各种定性和定量的科学方法，深入研究监测活动的规律，以监测质量和效率为中心，为保证环境监测质量而进行管理的全部活动。环境监测质量管理是一个复杂的系统，这一系统的管理成功与否，取决于对管理特点是否透彻了解。其基本特点具有：

（一）目标性

从宏观上说是不断提高为环境管理服务的质量和水平，从微观角度看，最重要的是监测数据和信息的代表性、准确性、精密性、可比性和完整性。服务质量和监测质量两者相互联系，统称监测质量。

（二）层次性

环境监测属社会公益性的科学技术事业，它所涉及的技术学科面很广，要对它进行有效管理，必须弄清它的层次关系。就其层次来说可按环境要素、监测过程、污染物污染过程、监测部门等来划分。在进行环境监测质量管理工作时，必须分清层次、理顺关系，分类突破。比如通过机构改革方面实行垂直管理，做到政、事分开，杜绝地方环保行政管理部门和地方政府的不良干预；或通过内部管理改革建立以聘任制为基础的用人制度、岗位管理和竞争上岗制度以及适当的监测数据质量目标考核分配激励机制。使环境监测站能真正实现监测数据的"五性"。

（三）动态性

环境问题不是一成不变的，监测工作的质量管理在不同的时期有着各自的重点，否则无法捕获真实的环境信息。所以环境监测质量管理必须适应环境管理和环境监测工作发展的需要，根据年度工作要求及时调整管理目标，适应时代需求，面向三个说清，确定需要开展的质量检查内容，能力验证的项目和专项行动计划等，以便确保监测活动的高质量和高水平。

（四）整体性

监测过程是由方案编制、点位布设、采样、现场测试、样品运输、药品制备、分析测试、数据处理、数据审核、综合分析和评价等基本环节组成的复杂系统，各环节既相互独立，又密切联系，缺一不可。任何一个环节都有其特定的目的，对环境监测的总体质量有着一份"贡献"。基于这一特点，质量问题必须通过建立完整的质量体系才能解决。

三、质量管理的内容及要求

环境监测质量管理是为保证环境监测质量而实施的各种管理行为的总和。它既包括行政管理、技术管理和资源保障等制度方面的内容，又包括确定质量方针、目标和职责，并在质量体系中通过质量策划、质量控制、质量保证和质量改进，实施的全部管理职能活动。环境监测活动包括水、气、声、土壤和生态监测等领域，涉及方案设计、点位布设、采样、现场测试、样品运输、药品制备、分析测试、数据处理、数据审核、综合分析和评价等所有监测环节。提高监测结果质量的前提是提高监测工作质量，而影响监测工作质量的因素有很多，例如，建立健全各项规章制度，做到人员分工明确，在监督工作中每个人都有章可依，管理人员严格监督各项规章制度的执行情况等，这些都是保证监测工作质量的显性的必要因素。同时，影响监测工作质量的还有一些隐性因素，如监测队伍的凝聚力，职工的职业道德水平和爱岗敬业精神等。因此监测机构应当使用符合国家标准的监测设备，遵守监测规范。监测机构及其负责人对监测数据的真实性和准确性负责。同时要求监测质量管理人员应提高管理水平和质量保证技能，认真贯彻"质量第一"的方针做好科学监测，教育监测人员应树立"诚信监测"的思想。不仅要搞好显性影响因素的管理工作，更要注重搞好隐性因素的管理工作，使所有参与环境监测的人员能共同努力参与全面的质量管理，积极提高监测工作质量。

从行政管理层面上讲，根据环境保护行政主管部门制定的"三定"方案、《全国环境监测管理条例》及《环境监测管理办法》（环境保护总局第39号令）等规章制度，国务院环境保护行政主管部门对环境监测质量管理工作实施统一行政管理，负责建立环境监测质量管理制度并组织实施，组织拟订环境监测技术方法标准和技术规范，指导全国环境监测队伍建设及其他业务性工作。地方环境保护行政主管部门对辖区内的环境监测质量管理工作具有领导和管理职责，负责贯彻落实国家环境监测质量管理制度和规范，组织拟订地方环境监测质量管理制度和规范，组织开展地方环境监测队伍建设和业务管理工作。各级环境监测机构在同级环境保护行政主管部门的领导下，对下级环境监测机构的环境监测质量管理工作进行业务指导。环境监测质量管理的总体思路是加强制度建设，完善标准方法体系，形成激励机制，强化监督检查，着力在机构资质、人才队伍建设、仪器设备、标准方法、体制建设等方面加强环境监测质量管理工作，推动我国环境监测质量的稳步提升。

从技术管理层面讲，环境监测质量管理主要包括三方面内容，一是确定环境监测的质量方针、质量目标和职责；二是实施质量方针、质量目标和职责；三是要做到科学监测和诚信监测。具体的质量管理过程又包括质量策划、质量保证、质量控制、质量监督和质量改进等工作内容。通过管理系统，重现监测过程的每一个要素，有利于从每一个环节发现和分析对监测结果有影响的因素，便于从人、机、物、法、环"五要素"分析对监测结果的影响，从而加强控制，减少误差，确保监测数据的准确有效。

第二节　环境监测质量管理的内涵

环境监测质量管理是一项涵盖环境监测全过程中涉及人、财、物以及整个系统的正常运行所需的一切物质与非物质条件、软硬件结合的质量管理系统工程。现阶段，监测质量管理的主要内容包括环境监测机构管理、人才队伍建设、监测方法管理、标准物质使用管理及仪器适用性检测。

一、监测机构管理

环境监测管理机构是环境监测的行政管理机关。根据《全国环境监测管理条例》的规定，国务院环境保护主管部门设置全国环境监测管理机构，各省（自治区、直辖市）和重点省辖市的环境保护部门设置监测处（科），市及以下的环境保护部门应设置相应的环境监测管理机构，统一管理环境监测工作。

环境监测管理机构的职责主要包括指导所辖区域内的环境监测工作，下达各项环境监测任务；制定环境监测工作及监测站网的建设、发展规划和计划，并监督其实施；制定环境监测条例、各项工作制度、业务考核制度、人员培训计划及监测技术规范；组织和协调所辖区域内环境监测网工作，负责安排综合性环境调查和质量评价；组织编报环境监测月报、年报和环境质量报告书；组织审核环境监测的技术方案及评定其成果，审定环境评价的理论及其实践价值；组织开展环境监测的国内外技术合作及经验交流等。

（一）资质认定

各级环境监测机构应依法取得提供数据应具备的资质，并在允许的范围内开展环境监测，保证监测数据的合法有效。

1991年，原国家环保局与原国家技术监督局联合印发《关于成立国家计量认证环保评审组及其有关工作的通知》[〔1991〕环科字第302号]，规定：国家环境保护局组建的环保产品质量监督检验中心及对外出具公证数据的专业检测实验室必须进行计量认证，取得计量认证合格证后，放开对外进行产品质量检验和出具公证检测数据。环境保护系统各级环境监测站具有为社会提供公证数据的职能，也应进行计量认证。成立"国家计量认证环保评审组"，办公室设在原国家环保局科技标准司设备质量监督处，行使环保计量认证计划、受理国家环境保护局组建的国家环境监测网络站计量认证申请、组织对申请单位计量认证初查、预审和正式评审以及日常监督管理等职责。

1992年，原国家环保局印发《关于开展环保计量认证工作的通知》（环科〔1992〕085号），成立"国家计量认证环保评审办公室"和"国家计量认证环保评审组，并规定：环保产品质量监督检验中心和省级以上环境监测站以及相同级别的其他各类环保监测机构，其考核、评审由国家计量认证环保评审组负责。省级以下环境监测站的计量认证工作，原则上由所在省环境保护局会同同级计量行政部门组织实施，其取得计量认证合格证后的日常监督，由所在省环境保护局负责管理。

1999年原国家环境保护总局机构调整，将计量认证工作职能下放到中国环境监测总站（以下简称"总站"），并印发了《关于计量认证工作有关事项的通知》（环科发〔1999〕41号）。通知规定环保系统的计量认证工作由科技司归口负责，具体技术性、事务性工作由总站承担，并要求总站设专人负责该项工作，每年向司里提交计量认证工作总结。

2008年，环境保护部成立环境监测司，将计量认证工作由科技标准司划归环境监测司监测质量管理处管理。

2015年国家质检总局印发《检验检测机构资质认定管理办法》（总局令第163号）明确资质认定是由省级以上质量技术监督部门依据有关法律法规和标准、技术规范的规定，对检验检测机构的基本条件和技术能力是否符合法定要求实施的评价许可。资质认定包括检验检测机构计量认证。

（二）实验室认可

实验室认可是由经过授权的认可机构对实验室的管理能力和技术能力按照约定的标准进行评价，并将评价结果向社会公告以正式承认其能力的活动。认可组织通常是经国家政府授权从事认可活动，经过实验室认可组织认可后公告的实验室，其认可领域范围内的检测能力不但为政府所承认，其检测结果也广泛被社会使用。

实验室认可这一概念的产生可以追溯到1947年，澳大利亚建立了世界上第一个国家实验室认可体系，并成立了认可机构——澳大利亚国家检测机构协会（NATA）。我国的实验室认可活动可追溯到1980年，为减少贸易中商品的重复检测、消除技术壁垒、促进国际贸易发展，原国家标准局和原国家进出口商品检验局分别研讨和逐步组建了实验室认可体系。1986年，通过国家经济管理委员会授权，原国家标准局开展对检测实验室的审查认可工作，同时原国家计量局依据《计量法》对全国的产品质检机构开展计量认证工作。计量认证和审查认可是我国政府对实验室的两套考核制度。1994年原国家技术监督局成立了"中国实验室国家认可委员会"（CNACL），并依据ISO/IEC导则58运作。1996年原中国国家进出口商品检验局改组成立了"中国国家进出口商品检验实验室认可委员会"（CCIBLAC），也依据ISO/IEC导则58运作。2002年7月，原CNACL和CCIBLAC合并成立了"中国实验室国家认可委员会"（CNAL），实现了我国统一的实验室认可体系。2006年3月，为进一步整合资源，发挥整体优势，国家认证认可监督管理委员会决定将中国实验室国家认可委员会（CNAS）和中国认证机构国家认可委员会（CNAB）合并，成立了中国合格评定国家认可委员会（CNAS）。

实验室认可不同于实验室资质认定分级实施，实验室认可统一为CNAS依据国际标准（如ISO/IEC17025等准则）实施认可。资质认定是强制性的认定制度，而认可为自愿申请，主要适用于第一、第二、第三方检测/校准实验室，并国际互认。各级环境监测站可根据自身实际情况及发展需要，自愿申请实验室认可。

（三）机构能力验证

能力验证是指利用实验室间比对来确定实验室的检测/校准能力。为了确保实验室维持较高的校准和检测水平而对其能力进行考核、监督和确认的一种验证活动。

常用的能力验证包括：实验室间量值比对、实验室间检测比对、分割样品检验比对、定性比对、已知值比对、部分过程比对。

1. 能力验证的组织机构

国家认证认可监督管理委员会、中国合格评定国家认可委员会、各省级质量技术监督局、各直属出入境检验检疫局和有关行业主管部门、行业协会，都可以在一定范围组织开展能力验证工作。为规范我国的实验室能力验证工作，国家认监委于2006年3月发布了《实验室能力验证实施办法》（国家认监委2006年第9号公告）。该《办法》规定，国家认监委负责统一监管和综合协调能力验证活动。能力验证组织者应当按照国家认监委指定的实验室能力验证的基本规范和实施规则开展能力验证活动。

能力验证的组织者应当于每年年底向国家认监委报告下一年度的能力验证计划，包括：名称、目的、能力验证的内容和关键技术要素设计、组织单位、实施时间、拟参加实验室的范围和数量、能力验证提供者的资质证明和审核材料等。能力验证的组织者应当建立并保存能力验证档案及相关记录，包括：实施能力验证的有关文件；能力验证提供者的资质证明；能力验证组织者对能力验证提供者的确认记录；能力验证参加者名单；能力验证的技术报告；能力验证结果和后续处理文件。

（1）国家认监委组织实施的能力验证

国家认监委针对一些社会热点问题，根据政府强力监管某些重点领域（如食品）质量安全的需要，组织实施了一系列的能力验证活动。对于国家级产品质量监督检验中心、省级产品质量监督检验机构、各直属出入境检验检疫局的综合技术中心，只要认监委开展的能力验证项目属于其通过的资质认定范围的，都必须参加，不需要交纳任何费用参加能力验证，对于其他行业检测机构和社会实验室，自愿报名参加，需缴纳一定费用。

（2）中国合格评定国家认可委员会组织实施的能力验证

对于已获认可或申请认可的实验室，合格评定认可委员会组织实施的能力验证活动是强制性的。实验室可以书面形式申请暂不参与某一项能力验证计划，但对于无故拒绝参加即没有提出暂不参加申请或申请未被认同的实验室，认可机构将依据有关规定予以处理，直至暂停/撤销对该实验室的资格认可，或建议委托有关部门予以处理。

申请认可的实验室在获得认可前，应至少参加一次与其主要认可项目相关的能力验证（如有适当的能力验证），已获得认可的实验室，应每四年至少参加一次与其主要认可项目相关的能力验证活动，若没有适当的能力验证计划，则在认可活动中，须对实验室的主要认可项目实施测量审核。鼓励实验室积极参加认可或法定机构承认的其他机构所组织的能力验证和比对，这些外部活动包括：

①ILAC框架下的其他区域实验室认可合作组织；

②欧洲认可机构（EA）组织的能力验证；

③国际计量局/国际计量委员会（BIPM/CIPM）组织的国际比对；

④亚太计量规划组织（APMP）等区域计量组织（RMO）组织的国际比对；

⑤国际权威行业组织，例如，ASTM、WHO等组织的能力验证活动。

如果实验室参加了上述所列之外的其他能力验证或比对，需将组织者实施能力验证活动的详细信息提交认可或法定机构审查认同后，其结果方能应用。

2．能力验证纠正活动

在能力验证活动中出现不满意结果（离群）的实验室，须依照能力验证纠正活动的要求进行整改。纠正活动程序如图4-1所示。

（1）要求实验室尽快查找和分析出现离群的原因，开展有效的整改活动（有效的整改活动应包含对质量管理体系相关要素的控制、技术能力等方面的分析以及进行相关的试验和有效地利用反馈信息等全面的活动），并将详细的整改报告以书面形式，在规定期限内提交认可或法定机构审查。

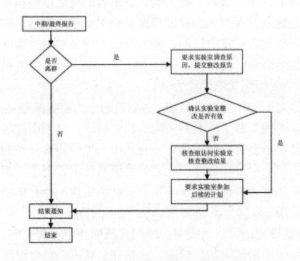

图4-1　能力验证计划纠正活动流程图

（2）认可或法定机构有关部门会同有关技术专家，根据实验室的整改报告，做出是否认同实验室进行了有效整改的结论。若认同，将安排后续验证，对实验室的整改情况加以确认；若发现实验室的整改中依旧存在问题，则派遣核查组对该实验室进行现场核查。在现场核查中，若发现实验室仍存在影响测量结果的严重问题，将建议暂停/撤销对该实验室相关项目的认可。

（3）对于在限定期限内不提交整改报告而又无任何书面的理由陈述的实验室，将视其为拒绝接受整改，依据有关规定对其进行处理，直至暂停/撤销对该实验室相关项目的认可。

3．对能力验证的要求和评价

对申请认可的实验室，在能力验证方面有以下三条基本要求：

（1）实验室应有明确的职责以确保参加能力验证；

（2）实验室应有参加能力验证的文件化程序；

（3）实验室应执行上述程序，并能够提供证明其参加能力验证活动的记录，以及对结果的有效利用。必要时还应提供出现不满意结果（离群）时所采取的纠正活动的证明资料。

在实验室现场评审中，对能力验证的评价有以下三条原则：

（1）实验室有明确的组织机构和职责保证参加能力验证，制定了完善的质量文件并按程序执行；能够证明其参加过程并对结果进行了有效评价、分析及反馈，则评为符合；

（2）实验室规定了职能保证参加能力验证，制定了完善的质量文件，但没有完全按程序实施，没有相关的记录，则评为有缺陷；

（3）实验室没有规定明确的职责，也没有制定参加能力验证的质量文件，则评定为不符合项。

其他行业主管部门、行业协会、地方质量技术监督局、直属出入境检验检疫局等组织实施的能力验证工作应当符合国家认监委关于能力验证工作的相关要求，并报认监委备案。

（四）环境监测服务社会化

社会环境监测机构是各级人民政府环境保护行政主管部门所属环境监测机构以外的从事环境监测业务的机构。

长期以来，我国实行由政府有关部门所属环境监测机构为主开展监测活动的单一管理体制。在环境保护领域日益扩大、环境监测任务快速增加和环境管理要求不断提高的情况下，为全面深化生态文明体制改革，根据《环境保护法》和国务院办公厅《关于政府向社会力量购买服务的指导意见》（国办发〔2013〕96号）文件精神，引导社会力量广泛参与环境监测，规范社会环境监测机构行为，促进环境监测服务社会化良性发展。2015年环境保护部印发了《关于推进环境监测服务社会化的指导意见》（环发〔2015〕20号），意见指出要全面放开服务性监测市场，有序放开公益性、监督性监测领域，发挥环境监测行业协会或第三方机构的作用，强化社会环境监测机构的行业管理，促进环境监测服务行业水平的不断提升。

二、人才队伍建设

环境监测事业，在人才队伍建设方面有了长足的发展，逐步形成了约5.4万人的专业技术人才监测队伍，成为全国环保系统第二大人才队伍。其中，2015年，全国生态环境监测专业技术人才（包括：环境保护、国土资源、住房和城乡建设、水利、农业、林业及气象部门）总量稳定在15万人左右。2020年全国生态环境监测人才总量稳定在20万人左右，其中大学本科以上学历的人才占80%以上。

（一）环境监测培训

环境监测培训是更新人才知识结构、提高人才素质和能力、完成各项环境监测任务的客观需要，是建设先进的环境监测预警体系、推进环境监测政事分开、促进监测事业转型发展的必然要求。自1986年以来，监测人员培训工作从无到有、从单一技术培训到系统化培训，为环境监测人才队伍建设提供了有力的支撑。

全国环境监测培训实行分级培训、分类指导的管理模式。开展培训量化评估，全面掌握全国环境监测培训的组织实施情况和学员学习情况，有效保证培训效果的可靠性和真实性。自2012年全国环境监测系统启动大培训活动以来，环境保护部平均每年举办环境监测业务及管理培训40余班次，培训内容包括环境空气、地表水、饮用水水源地、土壤生态、噪声、污染源、实验室分析、环境遥感应用、环境监测管理及监测质量管理等多项专题培训，培训人员约3000余人。在国家层面建立了环境监测培训师资库，编制了《环境监测培训师资管理办法》，首批聘请122名环境监测培训教师，涵盖了监测专业技术的所有领域。环境保护部会同中国环境监测总站确定了环境监测培训系列教材的编写大纲和编写人员。利用3年时间编写环境监测培训系列教材18本。同时，启动了多媒体教学光盘编制工作。对中西部地区的技术培训工作的支持，大大提高了西部地区监测人员的整体技术水平。

（二）持证上岗

环境监测是环境保护事业发展的重要基础，高素质的人才是监测事业发展的根本保障，人员持证上岗、专业培训等是培养环境监测人才、强化人才队伍建设的重要措施。环境监测人员持证上岗是环境监测质量管理工作的重要组成部分。

1．持证上岗考核制度

2006年，国家环保总局印发《环境监测质量管理规定》《环境监测人员持证上岗考核制度》。

《环境监测质量管理规定》第十条规定：从事监测、数据评价、质量管理以及与监测活动相关的人员必须经国家、省级环境保护行政主管部门或其授权部门考核认证，取得上岗合格证。

持有合格证的人员（以下简称持证人员），方能从事相应的监测工作；未取得合格证者，只能在持证人员的指导下开展工作，监测质量由持证人员负责。

持证上岗考核工作实行分级管理。环境保护部负责国家级和省级环境监测机构监测人员持证上岗考核的管理工作，其中国家级环境监测机构监测人员的考核工作由环境保护部组织实施，省级环境监测中心（站）监测人员的考核工作由环境保护部委托中国环境监测总站组织实施。省级环境保护局（厅）负责辖区内环境监测机构监测人员持证上岗考核的管理工作，省级环境监测机构在省级环境保护局（厅）的指导下组织实施。各环境监测机构负责组织本机构环境监测人员的岗前技术培训，保证监测人员具有相应的工作能力。考核内容包括基本理论、基本技能和样品分析，根据被考核人员的工作性质和岗位要求确定考核内容。国家级环境监测机构监测人员的合格证由环境保护部颁发；省级环境监测机构监测人员的合格证由中国环境监测总站颁发；其他环境监测机构监测人员的合格证，由各省级环境保护局（厅）颁发。合格证有效期为五年。

监测人员取得合格证后，有下列三种情况之一者即取消持证资格，收回或注销合格证：

（1）违反操作规程，造成重大安全和质量事故者；

（2）编造数据、弄虚作假者；

（3）调离环保系统环境监测机构者。

2．持证上岗考核的内容、方式和结果评定

持证上岗考核内容包括基本理论、基本技能和样品/样本分析三个方面。根据被考核人员的工作性质和岗位分类确定具体考核内容，分为监测分析类（包括现场测试、采样、样品制备及实验室分析等）、质量管理类（包括质量保证和质量控制等）和综合技术类（包括数据管理、分析评价及报告编写、遥感解析和环境形势综合分析等）三类。

（1）监测分析类人员的考核内容包括基本理论、基本技能和样品分析三个方面。基本理论以笔试的方式进行，基本技能和样品分析以现场考核的方式进行。

①所有人员均需进行基本理论考核，考核内容根据申请的持证项目而定，应涵盖申请项目的基本要求。

②现场考核采取基本技能和样品分析相结合的方式进行。样品分析指对标准样品或实际样品的测定，有标准样品的项目，原则上进行标准样品的测定，没有标准样品的项目，采取实际样品测定、加标回收实验、留样复测等方式进行，样品分析后需提交检测报告。基本技能考核通过实际操作、查看报告和提问等方式进行。

③基本理论考核成绩达到试卷总分数的70%为合格，否则为不合格。基本技能考核以每个项目的操作过程达到基本要求和回答问题正确为合格，否则为不合格。样品分析考核依据分析结果进行判定，分为合格和不合格。基本理论、基本技能和样品分析的考核均合格，则评定为该项目考核合格，其中之一不合格则评定为该项目不合格。

（2）质量管理人员的考核内容包括环境监测基本知识、环境保护标准和监测规范基本要求、质量管理规章制度、实验室分析和现场监测的基本知识和质控措施、数理统计知识、计量基础知识、量值溯源及案例分析等。

（3）综合技术人员的考核内容包括监测数据的传输及管理知识、环境保护标准和监测规范基本要求、数据合理性判断、监测数据分析评价方法、报告编写要点、遥感解析技术和环境形势综合分析等。

质量管理人员和综合技术人员的考核方式和成绩评定同监测分析类人员基本理论考核。

（三）激励机制

1．开展大比武活动

大比武是在全国范围内举行的以专业技术人员为主体的比武活动。2010年，环境保护部会同人力资源和社会保障部和全国总工会共同举办了第一届全国环境监测专业技术人员大比武活动。大比武围绕理论考试和现场比武，着重考察环境监测技术人员的基础知识、基本技术、质量控制与质量保证和综合分析评价等理论水平，以及对现代化仪器设备的新技术、新方法，常规监测实验室基础分析技术和重点污染物监测技术技能的掌握情况。通过大比武激发和调动了广大环境监测人员学习理论、钻研业务的热情，提升了环境监测人员的技术水平和素质能力，提高了环境监测的社会地位和影响力，为推动环境监测事业科学发展营造了良好的环境和氛围。大比武活动最终产生了10名团体奖、20名个人奖和5名优秀奖。

2．开展第一批"三五"人才遴选工作

2012年，环境保护部在全国环境监测系统开展了第一批"三五"人才遴选工作。遴选程序是由符合申报条件人员的所在单位通过登录"三五"人才网上申报系统进行申报后由各省环保部门和环境保护部各有关单位对申报人员材料进行初审，通过人选经公示无异议后，报送环境保护部由"三五"人才专家委员会进行评审并对评审结果进行公示，经公示无异议的"三五"人才人选名单报环境保护部审批，以环境保护部文件形式予以公布。最终确定了25名尖端人才、222名一流专家和1916名技术骨干。首批25名尖端人才均为教授级高工或研究员，其中博士10人。首批222名一流专家具有教授级高工或研究员职称的人数有146人，博士31人。同时建立了环境监测"三五"人才专家库。"三五"人才选拔工作，对于加强人才队伍组织建设，树立正确人才发展导向，提升全国环境监测人员的技术水平和素质能力，具有重要的现实意义。

三、监测方法管理

监测能力是指检测机构经资质认定或实验室认可确认的具备能力的检测项目或参数，它体现了实验室环境监测硬件、软件能力水平的总和，主要包括人（监测人员）、机（仪器及设备）、料（试剂及材料）、法（监测方法）、环（设施及环境条件）、测（测量的溯源性）等要素。要形成某个项目的监测能力，除上述要素需符合相应的要求外，还应将其有机组合，按照质量体系要求运行，确保出具符合质量要求的监测数据。

监测方法是环境监测工作的技术依据，正确的选择和应用监测方法是对环境监测人员和监测机构的基本要求。环境监测方法标准和环境标准物质标准等是我国环境标准的重要组成部分。环境监测方法标准分为：国际级（国际标准化组织（ISO）颁发的标准）、国家级（如GB）、行业（如HJ）、地方或企业级，另外还有除上述四

种情况以外需制定的个别或特殊级（如作业指导书）。根据《中华人民共和国环境保护法》等法律规定，国务院环境保护行政主管部门建立监测制度，并制定环境监测规范。为贯彻相关法律，环保部及原国家环保总局、原国家环保局制定了大批环境监测技术规范（其中包括各种环境监测方法标准）。这些环境监测规范都属于国家环境保护标准。按照各个时期的使用习惯，这些标准采用了多种发布形式，如"GB"编号、"HJ"编号。

（一）环境监测标准方法的编制原则

在环境监测中，对同一项目有多种方法可供选择，各种方法的原理、灵敏度、检出限不同，操作程序和干扰也不同，造成各种分析方法间也存在一定的系统误差。为了使不同时间、不同实验室及不同分析人员之间的监测结果具有可比性，必须对监测方法进行标准化。标准化的监测方法标准又称为标准分析方法，其编制必须满足以下条件：

1. 按规定的程序编制；
2. 按规定的格式编写；
3. 方法的成熟性得到公认，通过协作实验确定了方法的误差范围；
4. 由权威机构审批和发布。

在标准分析方法中，应使用规范的术语和简洁、准确的文字对分析程序的各个环节做出规定和描述。分析方法是以实验为基础的，不仅要对实验条件做出明确的规定，还要规定结果的计算方式和表达方式（包括单位）以及结果的判断准则（如规定平行测定和重复测定的允许误差）。

（二）监测方法的使用管理

正确地选用环境监测方法是环境监测工作的基础，是决定监测数据准确可靠的重要因素，也是监测结果是否可比和公认所必需的。

1. 监测方法的选用

（1）首先选用国家标准分析方法（GB和GB/T）和环境保护部标准分析方法（HJ/T）。

（2）其次选用环保行业统一的分析方法。统一分析方法主要有《水和废水监测分析方法》（第四版）（含增补版）、《空气和废气监测分析方法》（第四版）（含增补版）中的B法和C法和《土壤元素近代分析方法》等。

（3）在某些项目的监测中，尚无"标准"和"统一"分析方法时，可采用ISO、美国EPA和日本JIS方法体系等其他等效分析方法，但应经过验证，保证其检出限、准确度和精密度能达到方法性能要求。

（4）当某些项目缺少国内外标准方法时，可依据专业书籍、期刊，仪器制造商推荐的分析方法，结合自身的实验条件自行设计和开发适用的自建方法，并编制成作业指导书。

（5）同一项目有多个分析方法，选用时，还应考虑检出限、测量范围和干扰等技术指标能否满足实际工作的需要。

（6）当需扩大方法的适用范围时，要注意消除基体干扰，并进行可适用性检验。

2. 保持监测方法现行有效

实验室应随时跟踪国家标准分析方法和国外标准分析方法的修订、颁布和实施信息，及时了解和掌握新标准的更新动态。当有新标准颁布时，实验室要及时收集和实施新标准方法。当新方法发生了变化，应启动新方法建立程序，对方法重新确认。新标准方法的发放和使用应符合执行文件受控相关规定，对被替代的方法应加"作废"标识，保证实验室采用检测方法的现行有效。

3. 新方法的建立和确认

新方法是指实验室检测能力范围以外的方法，包括标准方法、统一方法和自建方法。实验室应按照质量管理体系中新方法建立的程序进行新方法的建立和内部确认，通过实验室资质认定、实验室认可等评审得到方法的外部确认。实验室要建立新的监测方法首先要配备所需的硬件和软件条件。

（1）新方法建立的基本要求

①监测人员：监测人员的素质直接影响监测结果的质量。建立新方法时，尽量选择专业背景与所选方法相适应的人员，最好有类似方法的工作经验。并应全程参与方法选择、仪器选型、环境条件改造等前期工作、实施方案的制定和参加专门的仪器使用培训。

②监测仪器：应配备建立新方法所必需的所有仪器设备，包含前处理设备。主要仪器设备的测量范围、最低检出限、准确度、精密度、灵敏度等技术指标应满足新方法要求，仪器在投入使用前应进行计量检定或校准，编写仪器使用维护规程，设计使用维护记录。

③试剂及易耗品：建立新方法时，应购置型式、类别、等级、规格、外观等均满足方法要求的试剂及易耗品，包括标准物质，并经检查证实在有效期内。

④设施和环境条件：建立新方法时，应针对方法、规范以及仪器使用说明书的要求进行实验室环境条件的改造，安装环境条件控制及监控设施，确保环境条件不会对测量结果及监测人员身体健康和安全造成任何不利影响。

⑤经费预算：建立新方法时，要有足够的经费保障。

⑥计划安排：建立新方法前，要制订周密的工作计划，对工作程序和进度做出安排，保证工作的顺利开展。

（2）新方法的建立程序

①申请：本单位职工及相关客户均可提出建立新方法的建议，由业务管理部门对建议进行初步可行性分析后，由新方法建立部门提交申请计划，经技术负责人审核、批准后实施。

②制订方案：承担新方法建立的科室确定项目负责人，制订详细的实施方案，方案包括新方法建立基本要求中的各项内容以及提交成果等。

③组织实施：根据方案，按照实施进度安排开展工作，主要工作有：人员培训和考核资料收集，购置仪器、药品试剂及标准物质，仪器检定或校准，设计原始记录表格，编写作业指导书和仪器使用维护规程，进行方法性能实验，对非国家标准方法还需进行验证等。

④结果报告：新方法建立的基础实验和方法验证结果应形成报告。报告的主要内容包括：测定项目名称，方法来源，方法原理，方法适用范围，检出限和测定范围，仪器、试剂和材料，测试步骤，各种技术指标测定方法的描述，技术指标测定的原始数据及结果、参考限值，结果评价和不确定度评定等。

（3）新方法的确认程序

①内部确认：新方法基础实验完成后，项目负责人应申请评审验收。评审时项目负责人提供的资料包括：新开展项目申请表，新开展项目实施计划，仪器检定或校准证书、报告，所采用监测方法标准、作业指导书（必要时），基础实验报告，仪器操作维护规程，监测原始记录和报告样本等。评审由技术负责人组织实施，并形成评审意见。

②外部确认：环境监测人员持证上岗考核、实验室资质认定（复评审）和实验室认可的现场评审是新方法外部确认的有效手段。取得资质后，才能用于日常监测工作。新方法用于一般客户的委托监测时，应取得委托方书面确认。

第五章　环境监测综合技术与管理

第一节　环境监测规划与方案

一、环境监测规划与计划

环境监测规划是对环境监测发展建设的顶层设计和宏观筹划，可指导环境监测事业长远发展，以文件形式确定的未来一段时期内环境监测事业发展和工作任务的指导思想、目标原则、重大举措等所做的安排。一般分为长期规划和中期规划。环境监测工作计划，也称监测任务计划，可以是综合性计划，也可以是单一目标任务的专项计划。

（一）环境监测长期规划

一般来说，十年或以上的规划称为长期规划。环境监测长期规划主要对未来较长一段时期监测事业发展的总体思路、目标原则、主要任务、重大举措等作出前瞻性筹划。

例如，环保部在2009年制定的《先进的环境监测预警体系建设纲要（2010—2020年）》（以下简称《纲要》）就是一个十年的长期环境监测规划。该《纲要》明确未来十年建设目标和重点任务，对于全面提升环境监测的公共服务能力，建立先进的环境监测预警体系，推动环境质量改善有指导意义。主要从当前的环境监测形势和需求、指导思想、建设原则和目标、加强环境质量监督管理、完善环境监测法规制度体系建设、深化环境监测业务管理体系建设、加强环境监测能力建设、完善环境监测技术体系建设、推进环境监测质量管理体系建设、加强环境监测人才培养与队伍建设以及保障措施等方面进行阐述。

（二）环境监测中期规划

一般来说，五年规划称为中期规划。中期规划与长期规划的内容一致，但更为详细和具体，具有衔接长期规划和短期计划的作用。中期规划往往依照组织的各种职能进行制订，并着重各计划之间的综合平衡，使比较松散的长期规划有了比较严密的内容，从而保证规划的连续性和稳定性。近年来，国家和地方都根据实际情况编制了环境监测中期规划。

例如，环保部2011年制定了《国家环境监测"十二五"规划》（以下简称《规划》）。《规划》主要为实现"市县能监测，省市能应急，国家能预警"，环境监测整体能力大幅增强的总体目标。大体涵盖当前环境监测形势与需求、主要任务、监测重点工程以及保障措施等内容。

（三）环境监测综合计划

环境监测的综合性计划一般包括环境质量监测、污染源监测、专项监测、国际合作和履约监测等内容。综合性计划主要体现在计划的综合、宏观层面。

例如，环境保护部印发的《全国环境监测工作要点》（以下简称《要点》）就是一个属于综合性计划的典型例子。《要点》主要涵盖：编制地方环境监测五年规划、制定地方环境监测工作要点、研究制定地方环境监测管理政策、组织实施各类环境监测工作（包括落实国家环境监测任务、下达地方环境监测任务、组织编制环境状况公报及各类环境监测报告、及时发布环境监测信息、加强国家重点监控企业自动监测数据有效性审核、加强污染源监督性监测、开拓卫星环境遥感监测与应用、探索环境监测新领域）、加强环境监测的监督考核、管理各类环境监测机构（包括集中换发环境监测人员上岗证书、国家重点监控企业自行监测的备案、加强人才选拔与人才培养、进一步加强环境监测能力建设）、组织应急监测等工作，一般《要点》都附详尽的国家环境监测方案（包括例行监测工作和环境监测新领域）。

（四）环境监测专项计划

环境监测专项计划是针对某一项（类）具体的监测工作或任务拟订的计划，主要依据国家环境监测工作的总体要求对某项具体工作进行细化布置和明确。专项计划具有更强的针对性和专业性，内容详尽，操作性强。

例如，2013年中国环境监测总站（以下简称"总站"）印发的《2013年度全国环境监测培训计划》，该培训计划以列表的形式，明确写出了培训班的名称、培训的期数、培训的内容、对象、每期的人数、培训天数、培训的时间及地点、主办单位、承办单位、培训的经费来源以及每期培训的联系人及联系方式。年初总站以通知形式下发各省、自治区、直辖市环境监测中心（站），新疆生产建设兵团环境监测中心站，全军环境监测总站，总站近岸海域各分站，环保重点城市环境监测站等。培训计划详尽具体，参加培训的单位和个人便于提前结合工作实际，统筹安排。

二、环境监测方案与编制

监测方案是实施监测工作的依据，是进行监测工作的作业指导书，它如同打仗的作战方案一样重要。制订一个科学合理，能满足监测目的需求的监测方案是保证监测质量的前提。在综合管理中监测方案的编制主要环节是监测方案编制的工作程序和要求、监测方案编制内容的质量要求、监测方案的审核和修改。

（一）方案编制的工作程序和要求

1. 工作程序

明确监测目的、收集资料、现场踏勘、确定监测点位、确定监测项目、监测周期、频次和监测方法、确定监测质量保证和质量控制措施、确定评价标准和评价方法、编制方案、方案审定等。

2. 工作要求

（1）明确监测目的。监测目的决定监测方案内容，监测方案应满足监测目的的需求。针对不同监测和评价对象，当以环境质量现状评价为目的的监测，监测方案应能满足科学、准确、全面地评价区域环境质量状况的目的。当以污染源排放污染物达标评价为目的的监测，监测方案应能准确反映污染源排放污染物的浓度水平和排放速率大小，监测结果应能代表污染源正常工况下的排污状况。当以建设项目竣工环保验收为目的的监测，监测方案应能反映建设项目污染源状况，环境保护设施的建设情况和运行效果、各项污染物的排放达标情况，反映"三废"处理和综合利用、环境管理情况，特别是反映建设项目落实初设方案环保篇、环评报告及其批复、环保行政主管部门提出的环境保护相关要求等情况。当以污染源或污染事故对环境影响程度评价为目的的监测，监测方案应能反映污染物的排放强度，反映污染物对周边环境，特别是对环境敏感区产生的影响程度和影响范围等。

（2）收集资料。在编制监测方案前，一定要调查和收集尽可能完整的资料，资料内容可根据监测目的需求确定，一般包括：监测对象所处地理位置及社会经济状况；当地的地质、地貌、气象、水文和生态等环境资料；监测对象所在区域的功能区划分、周边工业布局、污染源分布和排放规律；监测对象所涉及的生产设施、生产工艺、生产周期、产品产量、主要原辅材料消耗和能源消耗等；监测对象的主要污染源、相应环保设施、处理工艺及其运行状况、污染源排放管网和排放口位置；周围的环境敏感点分布、面积大小和影响人群数量等；监测对象的环境影响报告书（表）及环境保护行政主管部门的批复、初步设计中的环境保护篇章；建设过程中，生产工艺和环保设施发生变更的情况说明、请示及环境保护行政主管部门的批复；污染物委托处理处置的有关文件和合同。

（3）现场踏勘。通过现场踏勘，全面掌握现场情况，核实所收集的资料与实际情况是否相符，现场勘察内容应包含上述收集资料相关的全部内容。对建设项目竣工环保验收监测，应特别注意核查项目初设环保篇章、影响报告书（表）及环保行政主管部门批复中提出的污染防治措施落实情况；工程实际变更情况及相应的环境影响变化；环保管理机构及其人员配置，环境保护规章制度及档案建立情况等。现场勘察须填写现场勘察记录，为确定监测点位、监测项目、监测频率及编写监测方案和报告提供依据。

（4）监测点位的确定。根据监测目的，污染源生产工艺流程，污染物产生、排放和环保设施建设情况，环境敏感区分布，气象、水文特点等确定监测点位。尽可能以最少的监测点位获取有代表性的环境质量和污染源排放信息。监测点位布设应具有科学性和代表性，符合相关监测规范要求，还需考虑实际采样时的可操作性。

（5）监测项目可根据排放污染物种类和污染物控制管理要求，参照环境质量标准和污染物排放标准，有针对性地选择；监测周期应覆盖环境中污染物和污染源排放污染物的变化周期，监测频次和监测方法均应符合相关监测技术规范要求。

（6）根据监测对象和监测项目制订监测全程序的质量保证计划和质量控制措施，质量保证和质量控制措施应包括对监测人员的要求，并涵盖采样、现场测试、样品保存运输、实验室分析、数据处理和结果报告等监测全过程及符合相关技术规范要求。质量控制措施包括实验室内部控制和外部控制两种方式，既要有精密度控制，又要有准确度控制。分别选用全程序空白和实验室空白测定、现场平行样和实验室平行样测定、标准样品测定、加标回收率测定、仪器间比对和实验室间比对等。监测数据的质控率应不低于10%～20%。

（7）评价标准选用要准确，并应注意：标准的引用要现行有效；综合性排放标准与行业排放标准不交叉执行；当评价对象由不同行业项目组成，污染物分别由不同排放口排放，则应分别执行不同的行业标准；对于污水混合排放的排污口，应根据各类污水最高允许排水量，按权重来计算排污口的混合排放标准；标准限值计算要正确（如废气中污染物排放速率需要根据实际排放高度，用内插法和外推法计算最高允许排放限值）；对于某些生产工艺特征污染物，目前无国家排放标准限值的，可引用环评或初步设计选用的标准作为参考标准。

评价方法选择要科学、直观，符合相关技术规定要求和环境管理需求。

（二）监测方案编制内容的质量要求

监测方案内容要完整，通常由前言、监测依据、监测对象概况、监测评价标准、监测内容、质量保证和质量控制、监测实施进度及监测经费等章节组成。建设项目竣工环保验收监测方案内容要符合相关的环保行业统一要求，除以上章节外，还应增加环评意见及环评批复的要求、环境管理检查等章节内容。

1．前言主要简述监测任务的来源、监测目的、监测对象和监测范围，监测工作的负责单位和参加单位等。对建设项目竣工环保验收监测，还应增加建设项目的环保行政主管部门、现场勘察时间、生产负荷情况等。

2．监测依据包括：国家有关环境保护管理法规；环保部门相关意见和批复；与项目有关的环保技术文件（如环评报告书等）；相关的监测技术规范和方法标准；监测任务书或委托书；环保管理部门对监测任务的要求；其他需要说明情况的有关资料或文件。

3．监测对象概况。对环境质量现状进行评价监测时，一般指环境概况；对污染源达标排放监测，一般为污染源概况；对建设项目竣工环保验收监测，一般为建设项目工程概况；对污染源或污染事故影响评价监测，一般为污染源或污染事故及周边环境概况。根据监测目的，应全面描述与监测评价有关的信息内容。

4．监测评价标准包括：应执行的国家或地方排放标准和环境质量标准名称、标准等级和限值，初步设计的设计指标，以及地方环境保护行政主管部门提出的总量控制指标等。

5．监测内容：按废水、废气和噪声等分类，说明污染源及其可能影响的环境和环境区的监测点位（断面）布设情况，监测项目、周期和频次，附示意图；说明采样方法和监测方法。

6．质量保证和质量控制：应明确说明监测所采取的质量保证和质量控制措施及控制指标，如空白控制值、平行样相对偏差要求、标准样品的相对误差和加标回收率控制值等。

7．对建设项目竣工环保验收监测，应简述环评报告书（表）的主要结论、建议及环境保护行政部门批复要求，当地环境保护行政主管部门的特别要求等。

8．对建设项目竣工环保验收监测，根据建设项目实际情况，结合环评批复意见，应列出如下检查工作的内容：

（1）建设项目执行环境影响评价和环境保护"三同时"制度情况。

（2）初设方案环保篇章、环评报告书及其批复中要求建设的环保设施实际完成及运行情况；环保措施和要求的落实情况。

（3）环境保护档案管理情况，环境保护管理规章制度的建立及其执行情况。

（4）环境保护监测机构、人员和仪器设备的配置情况。

（5）存在潜在突发性环境污染事故隐患的建设项目，制定相应的应急制度，配备和建设的应急设备及设施情况。

（6）工业固（液）体废物是否按规定或要求处置和回收利用。

（7）建设期间和试生产阶段是否发生了扰民和污染事故。

（8）区域污染削减工作的调查。

（9）对周边公众的环境影响舆论调查（公众调查表）。

9．其他：应说明监测负责单位和协作单位的具体职责分工，明确工作进展计划；说明成果归属、报告份数等；列出工作费用预算及支付方式；列出有关附件等。

（三）监测方案的审核

监测方案需经多级审核确定后，方可实施。审核内容主要包括：内容是否齐全，监测项目选择是否全面和有代表性，监测点位设置、监测周期和频次确定是否科学、合理及符合技术规范要求，质量保证和质量控制措施是否完善，评价标准的引用是否正确，监测方案是否能够满足监测目的要求等。

（四）监测方案的修改

监测方案一经确定不能随意改动，在实施过程中，如遇到生产设施变化、环境敏感点变化等情况，确需对监测方案进行修改时，应经监测项目负责人同意，并报方案审定人批准，修改记录与监测方案一同存档。

三、环境监测数据与信息管理

（一）环境监测数据

环境监测数据是在环境监测活动中，按照标准的分析测试方法，对某一环境样品进行分析测定，获得的相关项目或指标值，是没有经过任何加工的、最原始、最初级的监测信息。监测数据是监测工作最重要的成果，是分析判断环境问题最基本的前提。当前，监测数据的主要获取途径是各级监测站实验室或现场手工分析测试和自动在线监测。全国环境监测系统每年都获取数以亿计的监测数据，这些数据通过质量审核后进入各级监测部门的数据库，成为记录各地环境状况的历史数据。长期积累的历史监测数据详细记录了监测的环境要素指数变化情况，能够分析得出时间和空间上的环境质量变化情况，是开展相关环境科研、制定环境管理政策等的宝贵资料，更成为编写监测报告和监测业务信息的原始素材。

1. **原始数据的管理**

（1）原始记录的分类

原始数据记录分为：现场调查记录；现场监测记录；采样记录；仪器校准记录；现场监测与采样、样品保存与运输、制备与分析质量监督检查记录；样品交接与流转记录；称量记录；样品制备、前处理和分析记录；质控样品编码、解码及质控结果记录等。

为了记录数据的规范统一，各省市可制定统一的记录表格。

（2）原始记录表格的使用

1）使用统一的质量记录和技术记录前，应通过培训，保证监测人员正确认真填写原始记录。

2）原始记录必须用纯黑或蓝黑签字笔或钢笔填写，不能使用纯蓝钢笔、圆珠笔、铅笔填写。应将监测分析数据填写于表格1/3下线处，数据栏如有空格应填写"以下空白"或加盖"以下空白"章。其他非数据栏，如有空格可不填写；技术记录由监测分析人员填写，质量记录由质量监督员或质量管理员填写；原始记录应在监测和分析过程中及时填写，以保持其原始性，不得在监测后补记和抄记；一般情况下手工填写，特殊情况也可使用计算机打印；原始记录应包含足够的信息，能使监测分析过程再现；监测分析人员、校核人员和审核人员应对原始记录进行检查、校核和审核无误后，在监测分析人员、校核人员和审核人员处签名，不得由他人代签。如有2人以上参与监测分析，2人均应签名，未持证人员不得单独在监测分析人员处签名。

3）原始记录原则上不得修改，更不能刮除或涂改；如确为计算或填写错误需要修改时，应在错误的数据上画一横线（原有的记录清晰可见），并将正确值填写在其上方，并加盖个人印章；原始记录只能由本人修改（记录填写人），校核人、审核人和其他人员不得代为修改。

4）监测分析人员经技术培训和考核合格，持有监测分析项目合格证者，可以填写该项目的监测分析原始记录；无证者或培训期内的监测人员，需在有证人员的指导和质量监督下，方可填写监测分析原始记录（在持证人员之后签名）；校核人员须是经技术培训和考核合格并持有该项目合格证或在监测分析领域承担过同类监测工作的人员方可以承担对监测数据的校核工作；审核人员须是在监测分析领域承担过监测分析工作的人员或在该领域有一定工作经验的人员方可承担对监测数据的审核工作。

5）原始记录在填写、校核和审核工作完成后，应及时或按期存档；质量管理人员应定期对监测原始记录进行检查，及时发现并要求监测人员改正填写不规范或不正确的原始记录。

6）随着环境监测新项目的开展、工作性质和工作量的变化、监测方法的更新、原始记录表格不能满足监测工作需要时，应对原始记录表格进行修订。

7）原始记录保存年限：环境质量、污染源、竣工验收、仲裁、应急、科研、质量或污染调查等监测分析原始记录应永久或长期（16～50年）保存。一般性委托监测、持证上岗考核、质控考核、抽查抽测和同步监测的原始记录建议至少保存10年。

2．监测数据的"五性"要求

为了使监测数据能够准确地反映环境质量的现状，预测污染的发展趋势，要求环境监测数据具有代表性、准确性、精密性、可比性和完整性。环境监测数据的"五性"反映了对监测工作的质量要求。

（1）代表性

代表性是充分考虑时空分布的因素，在具有代表性的时间、地点，并按规定的采样要求采集有效样品。所采集的样品必须能反映环境介质总体的真实状况，才能使监测数据如实反映环境质量现状和污染源的排放情况。

（2）准确性

准确性指测定值与真实值的符合程度。监测数据的准确性受到现场采样、保存、传输、实验室分析等环节影响。一般以监测数据的准确度来表征。准确度常用以度量一个特定分析程序所获得的分析结果（单次测定值或重复测定值的均值）与假定的或公认的真值之间的符合程度。一个分析方法或分析系统的准确度是反映该方法或该测量系统存在的系统误差或随机误差的综合指标，它决定着这个分析结果的可靠性。

（3）精密性

精密性是监测数据精密度的表征，是使用特定的分析程序在受控条件下重复分析均一样品所得测定值之间的一致程度。它反映了分析方法或测量系统存在的随机误差的大小。测试结果的随机误差越小，测试的精密度越高。精密性的阐述通常会引用下述三个专用术语。平行性是在同一实验室中，当分析人员、分析设备和分析时间都相同时，用同一分析方法对同一样品进行双份或多份平行样测定结果之间的符合程度。重复性是在同一实验室中，当分析人员、分析设备和分析时间中的任一项不相同时，用同一分析方法对同一样品进行双份或多份平行样测定结果之间的符合程度。再现性用相同的方法，对同一样品在不同条件下获得的单个结果之间的一致程度，不同条件是指不同实验室、不同分析人员、不同设备、不同（或相同）时间。

（4）可比性

可比性是指用不同测定方法测量同一样品中的污染物时所得出结果的吻合程度。在环境标准样品的定值时，使用不同标准分析方法得出的数据应具有良好的可比性。可比性不仅要求各实验室之间对同一样品的监测结果应相互可比，也要求每个实验室对同一样品的监测结果应该达到相关项目之间的数据可比，相同项目在没有特殊情况时，历年同期的数据也是可比的。在此基础上，还应通过标准物质的量值传递与溯源，以实现国家间、行业间的数据一致、可比，以及大的环境区域之间、不同时间之间监测数据的可比。

（5）完整性

完整性是指取得监测资料的总量满足预期要求的程度或表示相关资料收集的完整性，强调工作总体规划的切实完成，即保证按预期计划取得有系统性和连续性的有效样品，而且无缺漏地获得这些样品的监测结果及有关信息。它不仅要保证样品的完整性，还要保证分析测试、数据处理和评价的完整性。同时，还要看项目测试是否齐全，是否存在缺测、漏测的现象。

只有达到这"五性"质量指标的监测结果，才是真正正确可靠的。

（二）环境监测业务信息

环境监测信息分为环境监测数据、监测业务信息和环境监测报告三类。

监测业务信息是内容和表现形式都比较灵活的监测产品，是指监测部门将重要环境监测工作完成情况和通过监测得出的最新环境质量状况以信息简报的形式报上级环境管理部门。监测业务信息的内容主要有两种：一是按照上级环境管理部门的特别要求，对突发环境事件或领导关注、管理需要的环境情况开展监测并编报的信息，比如对严重灰霾天气和突发污染事故的监测信息等；二是监测部门根据业务工作开展情况主动编报的，能够为管理提供依据和服务的信息产品，比如某一时期内重点区域流域的环境状况等。

目前全国监测站系统已建立了由中国环境监测总站、省级站、地市级站和县级站构成的四级监测业务信息报送系统。近年来，各地方监测站每年向中国环境监测总站上报监测业务信息超过10000条，中国环境监测总站每年审核刊用超过3000条；同时，中国环境监测总站及时向环保部上报环境质量和监测动态类业务信息，其中部分信息还被中央办公厅和国务院办公厅的信息刊物采用，为管理部门提供了有效支持。

国家环境监测网还实现了部分监测数据的网络实时在线发布，中国环境监测总站通过互联网、手机和IPAD客户端实时对外发布全国149个地表水质自动监测站的数据和945个城市空气自动监测站的数据，有效满足了公众的环境知情权。

（三）环境监测信息的作用

环境监测是环境保护的基础，对环境管理有重要的支撑作用。环境监测信息作为监测结果的最终体现，直接服务于环境管理的方方面面。

1．为行政决策提供支持

（1）研判环境形势

各级政府和环境管理部门对辖区内环境质量状况的判断主要依据环境监测提供的监测结果和结论。各级监测机构定期编制环境质量报告，说清辖区范围内主要环境指标变化情况和趋势，为政府环境管理和决策提供参考依据。

（2）引导污染防控

污染防控项目和目标的确定都需要实实在在的监测数据作支撑。监测系统掌握的环境历史数据对于总量减排、污染防控的总体和专项规划编制及实施有着重要作用。

（3）服务行政审批

环境监测结果已经广泛应用于一些环保行政审批项目的办理和实施中。建设项目环境保护设施竣工验收、污染物排放许可、危险废物经营许可、放射性废气废液排放量审核、固体废物跨区域转移、污染防治设施的拆除和闲置批准等环保行政审批项目的操作执行都需要开展相应的环境监测工作，并出具监测报告，支持项目审批执行。

（4）支持环境外交

近年来，环境监测部门按照《斯德哥尔摩环境公约》要求，在全国设置14个大气背景采样点，监测大气中11种持久性有机污染物的浓度水平，为环境履约提供了有效监测数据。开展了中俄、中哈跨界水体联合监测，并在8个边界省、区开展中俄、中蒙、中朝、中哈、中吉、中越、中缅、中印和中尼39条国界河流和2个界湖78个断面（点位）的水质监测工作，依照监测结果编制相关报告，为我国开展环境外交发挥了支持作用。

（5）引领风险防控

环境监测信息产品在支持环境风险防控方面的作用日渐凸显，主要体现在：国家环境监测网中地表水质和城市空气自动在线监测数据能够通过网络传输第一时间反映水和大气主要监测指标的异常情况，防范重金属、细颗粒物等危害群众健康的潜在环境风险；大气污染区域联防联控监测扩大了监测范围，形成了联动机制，紧密监测区域范围内可能出现的大气污染风险；每年3—10月份开展"三湖一库"蓝藻预警监测，共计编报预警监测报告200余期，为蓝藻水华的防控赢得了主动。

2．为监督执法提供依据

（1）环境保护目标责任考核

地方政府对辖区环境质量负责制、环境保护目标责任制、生态补偿与转移支付、城市环境综合整治定量考核、污染物申报登记和限期治理、污染物总量控制等环境保护责任的考核都需要环境监测用数据和报告作为依据，环境质量监测报告、污染源监测报告等监测信息产品用监测结果科学校验了环境保护主体的责任履行情况。

（2）环境违法行为的裁量处置

执法监督部门对环境违法行为的查处，离不开监测部门的配合。在查处违法排污、危险废物排放和严重污染环境的企事业单位等环境违法行为时，环境监测结果是确定违法行为性质和严重程度的主要依据。

（3）环境纠纷仲裁与损害鉴定

环境监测在跨流域污染纠纷、污染事故损害鉴定等环境纠纷事件的仲裁上，能够客观准确地表明实际情况，为纠纷仲裁提供了科学依据，发挥了标尺的作用。

3．为服务公众提供信息

随着经济社会发展速度加快，公众的环境意识不断提高，对环境信息的需求日益强烈。2008年5月1日起施行的《环境信息公开办法（试行）》指出，环境信息包括政府环境信息和企业环境信息。政府环境信息，是指环保部门在履行环境保护职责中制作或者获取的，以一定形式记录、保存的信息。企业环境信息，是指企业以一定形式记录、保存的，与企业经营活动产生的环境影响和企业环境行为有关的信息。国务院环境保护行政主管部门统一发布国家环境综合性报告和重大环境信息。县级以上人民政府及其环境保护等有关行政主管部门，应当依法公开相关环境信息。公民、法人或者其他组织，可以依法向县级以上人民政府及其环境保护等有关行政主管部门申请环境信息公开。县级以上人民政府及其有关行政主管部门应当在国家规定的时间内予以答复。

近年来，环保部门按照政府信息公开的要求，通过主动公开、依申请公开等形式，不断扩大环境信息公开的范围，同时，积极引导社会企业公布污染排放信息，较好地满足了社会公众对环境保护的知情权、参与权和监督权。

（1）环境保护政府信息公开的要求

环境保护政府信息公开包括主动公开和依申请公开两大类。

《环境信息公开办法（试行）》对环保部门应当向社会主动公开的政府环境信息进行了明确，其中涉及需要环境监测部门予以公开或者提供支持的内容包括：环境保护标准和其他规范性文件；环境质量状况；环境统计和环境调查信息；突发环境事件的应急预案、预报、发生和处置等情况；主要污染物排放总量指标分配及落实情况；城市环境综合整治定量考核结果；大、中城市固体废物的种类、产生量、处置状况等信息；排污费征收的项目、依据、标准和程序；环保行政事业性收费的项目、依据、标准和程序；经调查核实的公众对环境问题或者对企业污染环境的信访、投诉案件及其处理结果；污染物排放超过国家或者地方排放标准，或者污染物排放总量超过地方人民政府核定的排放总量控制指标的污染严重的企业名单；环境保护创建审批结果等，以上环境信息公开的施行都直接或者间接需要环境监测信息给予支持。

对于没有列入主动公开目录的环境信息，环保部门可以不主动公开。但如果有社会公众申请公开相关环境信息，环保部门要按照依申请公开的要求和原则给予明确的答复。

此外，环保部门有责任对企业排污信息公开进行引导和督促。当前，环保部已经制订了《国家重点监控企业自行监测及信息公开办法（试行）》《国家重点监控企业污染源监督性监测及信息公开办法（试行）》，对企业排污信息公开予以规范。

（2）环境监测信息公开的内容

除了对相关环境信息公开提供支持以外，一些环境监测信息需要监测部门自行公开。

环境空气质量、水环境质量等近年来成为公众关注的热点。加强环境信息公开，有利于疏解群众疑虑情绪，有利于解决关系民生的突出环境问题，有利于凝聚各地区各部门和全社会的力量做好环保工作。环境监测部门要及时向社会发布各类环境质量信息，推进重点流域水环境质量、重点城市空气环境质量、重点污染源监督性监测结果等信息的公开。地表水水质自动监测数据实现每4小时一次的实时公开，发布《全国地表水水质月报》。重点城市空气质量数据以预报和日报方式定期公开。根据新修订的《环境空气质量标准》，2015年年底前在所有地级以上城市开展监测，并公开信息。完善环境空气质量信息发布平台，按新标准要求发布监测数据。发布违法排污企业名单，定期公布环保不达标生产企业名单，公开重点行业环境整治信息。依法督促企业公开环境信息。公开每年度的"全国主要污染物排放情况"，每年度定期发布《中国环境统计年报》和《国家重点监控企业名单》。做好全国投运城镇污水处理设施、燃煤机组脱硫脱硝设施等重点减排工程的信息公开工作。加强重特大突发环境事件信息公开，及时公布发生重特大突发环境事件处置情况，要及时启动应急预案并发布信息。发生跨行政区域突发环境事件，要及时协调、建议相关人民政府联合发布信息。对突发环境事件进行汇总分析，做好突发环境事件应对情况的定期发布工作。

（3）环境监测信息公开的方式和程序

监测部门应当将主动公开的政府环境监测信息，通过政府网站、公报、新闻发布会以及报刊、广播、电视等便于公众知晓的方式公开。属于主动公开范围的政府环境信息，应当自该环境监测信息形成或者变更之日起20个工作日内予以公开。法律、法规对政府环境信息公开的期限另有规定的，从其规定。监测部门应当编制、公布政府环境信息公开指南和政府环境信息公开目录，并及时更新。政府环境信息公开指南，应当包括信息的分类、编排体系、获取方式，政府环境信息公开工作机构的名称、办公地址、办公时间、联系电话、传真号码、电子邮箱等内容。政府环境信息公开目录，应当包括索引、信息名称、信息内容的概述、生成日期、公开时间等内容。

公民、法人和其他组织依据《环境信息公开办法（试行）》规定申请环保部门提供政府环境信息的，应当采用信函、传真、电子邮件等书面形式；采取书面形式确有困难的，申请人可以口头提出，由环保部门政府环境信息公开工作机构代为填写政府环境信息公开申请。对政府环境信息公开申请，环保部门应当根据下列情况分别作出答复：

1）申请公开的信息属于公开范围的，应当告知申请人获取该政府环境信息的方式和途径；

2）申请公开的信息属于不予公开范围的，应当告知申请人该政府环境信息不予公开并说明理由；

3）依法不属于本部门公开或者该政府环境信息不存在的，应当告知申请人；对于能够确定该政府环境信息的公开机关的，应当告知申请人该行政机关的名称和联系方式；

4）申请内容不明确的，应当告知申请人更改、补充申请。监测部门应当在收到申请之日起15个工作日内予以答复；不能在15个工作日内作出答复的，经政府环境信息公开工作机构负责人同意，可以适当延长答复期限，并书面告知申请人，延长答复的期限最长不得超过15个工作日。

第二节 环境监测数据管理

环境监测数据解读基本要素，主要有三：一是概括，二是分析，三是解读；概括是前提，分析是手段，解读是目的。简言之，若环境监测方案设计、环境样品采集、实验室分析、质量控制措施正确无误，围绕特定目的概括、分析、解读监测数据相对顺利。监测数据解读基本程序：首先，科学概括监测数据，例如：频数分布概括、中心趋势概括、分散度概括、区域空间概括等；然后，按目的分析监测数据，例如：数据集完整性分析、数据分布规律分析、数据时间序列分析、污染趋势定量分析、环境条件对照分析等；最后，解读监测数据，即：结合区域、流域和污染源相关环境要素、运行工况，有针对性地分析评价环境质量或污染源排放状况及其变化趋势，指出主要环境问题，提出相关对策措施。

实践证明，环境监测数据的概括、分析、解读之间尚无明确定义。一般来说，概括，指监测数据的归纳方式；分析，是依据监测数据计算出所需的参数，为监测数据解读服务；解读，指监测结果的释义；鉴此，经统计分析的监测数据解读，是概括、分析，结合经济社会发展调查，明确回答环境质量变化趋势，这是环境管理对环境监测工作的新要求。

一、监测数据概括

（一）监测数据表述

任何环境监测数据都是时间与空间的函数。监测数据基本表示方法，是准确地应用统计表和统计图，因而，任何类型的监测都需要一个记录表格系统，其具体形式和复杂程度取决于监测规模与特征。环境监测统计表与统计图的基本内容，主要有：监测点位（断面），包括测点（断面）编号、测点位置、测点（断面）名称、所属行政区或河湖库（近岸海域）、地理位置、海拔高度、环境功能区等；监测项目，主要指污染物名称、环境要素等；监测方法，主要指现场测量方法、污染物分析方法等；监测数据类型，包括小时平均值、日平均值、季日平均值、水期平均值、年日平均值、瞬时值范围、日均值范围、年均值范围、超标倍数、超标率、环境质量指数、污染分担率、环境质量类别等；监测时段，包括监测日期、监测（采样）时间；计量单位，包括法定计量单位、环保部门沿用的计量单位；监测（采样）人员、统计制表人、质控审核人、单位负责人或授权签字人签名；环境监测统计表报出日期。

因环境监测数据都在统计报表中以时间与空间函数记录下来，故环境监测统计表（图）形式较多。一般来说，主要有两种形式：一是同一监测点位（断面）某污染物按不同测量（采样）时间记录的表（图）；二是同一时间不同监测点位（断面）某污染物评价值表示的表（图）（见图5-1、表5-1）。

若将监测数据或评价结果绘制成图解，可清晰反映监测数据或评价结果分布情况，亦可直观地反映环境污染时空变化规律，还可发现异常数据等问题。

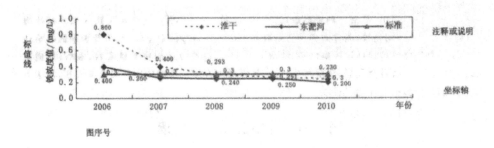

图5-1　2006—2010年某城市饮用水源地铁变化趋势

表5-1　2000年黄河干流沿程监测断面综合污染指数

断面编号	环境监测站	监测断面	综合污染指数	断面编号	环境监测站	监测断面	综合污染指数
1	兰州市	扶河桥	1.89	8	白银市	五佛寺	4.11
2	兰州市	包兰桥	4.08	9	石嘴山市	黄河大桥	8.39
3	兰州市	新城桥	2.34	10	石嘴山市	陶乐渡口	7.19
4	兰州市	什川桥	3.75	11	呼和浩特市	河口镇	11.38
5	银川市	银古公路桥	8.32	12	包头市	昭君坟	4.25
6	白银市	青城桥	3.81	13	包头市	镜口	3.96
7	白银市	靖远桥	3.95	14	济南市	洛口	2.76

　　为便于分析、解读环境监测原始数据，应首先设计监测统计报表或统计图；依据监测目的和要求，制定所需自然环境、社会环境、生态环境、建设项目工程组成、企业概况、生产工艺流程、污染治理与生态修复工程设施等相关调查计划或调查方案，包括统计表（图）内容和形式，其中：统计表（图）基本要求有：一是尽可能使用统计表（图）获取最丰富的环境信息；二是在每张具体统计表（图）中尽可能反映多种信息；三是统计表（图）应遵循相关环境监测技术规范要求，以利于各地区不同层次环境信息交流；四是统计表（图）种类应尽可能满足监测数据分析、解读工作需要。

（二）监测数据概括方法

　　尽管环境监测原始数据统计表（图）可提供环境信息，然而，毕竟原始数据量大，且国家环境保护局《环境监测报告制度》（环监〔1996〕914号）第24条规定：环境监测站的各类监测报告、数据、资料、成果均为国家所有，任何个人不得占有；属于保密范围的监测数据、资料必须严格按照国家保密制度进行管理，监测数据资料的密级划分及解密时间按国家环境保护局的有关规定执行；未经市级以上环境保护行政主管部门许可，任何单位和个人不得向外单位提供、引用和发表尚未正式公布的监测报告、监测数据和相关资料。

一份合格的环境状况报告，必须选取有代表性的环境调查监测数据，分析区域、流域、企业环境状况及其变化趋势，指出主要环境问题，提出有针对性的环境对策或环境工程措施。用数据说话，即使用有代表性数据分析问题。由此而论，必须对大量的环境监测原始数据进行综合概括，从环境监测原始数据中抽取有规律性、特征性数据，据此进一步分析、解读，才能实现认识环境状况、解决环境问题的过程。

一般来说，环境监测数据的概括方法主要有：频数分布概括法、中心趋势法、分散度法、空间概括法等，其中：频数分布概括法、中心趋势法、分散度法属社会经济统计学方法，是统计调查研究工作中的常用方法；空间概括法属自然科学方法，是气象、水文、地形测绘、资源勘探、大气环境预测等工作中的常用方法。

1. 频数分布概括法

（1）百分位数法

将环境监测原始数据由大到小排列，若监测数据信息量大，则首先进行数据分组。最大值与最小值之差，表明数据集范围或全距。若数据为奇数，位于中间的那个数值为中位数；若数据为偶数，位于中间的两个数值的平均值为中位数；以此类推，可获得四分位数、十分位数，第2个四分位数、第5个十分位数，即为各自的中位数；P百分位数为P%的数据小于等于第P百分位数，中位数即为第50百分位数，相应的四分位数为第25、50、75百分位数；总数为N的数据集，经排列后，第P百分数相当于第N/100个数值。

由于百分位数法的比值不一定是整数，可使用线性插入法，从数据集中两个相邻的数据中推算出1个数据。此类概括方法，对于使用百分位数法表达区域、流域主要污染物环境质量状况，以及编制例行环境监测点位优化调整方案等都具有十分简便、直观的作用。

（2）条形图法

此法可概括地说明某污染物不同时间内频数分布的变化情况，美国最早使用条形图法概括城市环境空气质量变化趋势，横坐标描述某污染物浓度时间变化，纵坐标为某污染物浓度百分位数变化情况。

（3）直方图法

将环境监测原始数据由大到小排列，根据频数分布分成若干组或类，一般为5～20组（类）为宜。直方图以图形表示频数分布，图形为一系列长方形柱状图，柱状线在x轴上宽度与组距成正比，高度（y轴）与频数成正比。

2. 中心趋势法

为准确判断环境质量状况、观察污染变化趋势，以及对比不同区域、流域环境状况，对环境监测原始数据进行"中心趋势"概括，具有十分重要的意义。常用表征中心趋势的指标有：算术平均值、几何平均值、中位数、众数等。

（1）算术平均值

算术平均值是所有环境监测数据与其个数的比值。显然，平均值与每个监测数据密切相关，且受数据群中极值（极大值或极小值）影响较大，将全部数据平均化。然而，经常遇到某污染物实测浓度低于分析方法检出限的情况，在环境监测工作中，规定取其1/2实测值，并参与统计计算。

（2）几何平均值

它是环境监测数据对数（底数为e）算术平均值的反对数。计算时，因零的对数概念不明确，故：低于分析方法检出限的监测数据不能作零处理，应取其1/2实测值计算，并在以后的计算中坚持依此替换值。

（3）中位数

中位数是一系列环境监测数据位于中间的那个数值。它可以是系列监测数据位于中间的数值，也可以是位于中间的两个数值的平均值，不受极值影响。

（4）众数

众数是环境监测数据集中出现频率最高的那个值。它可以是一个数值，也可能是出现若干个区间频率均高的情况，此时，将有第一众数、第二众数……第n众数等。

3．分散度法

在环境监测实践中，经常遇到所测监测数据变化较大的情况。究其原因，主要是污染物排放浓度变化、污染物理化性质变化、环境条件变化等因素。此时，频数分布概括法、中心趋势法都不能反映概括的可信度，鉴此，应对监测数据进行分散度或变异量概括，一般使用全距或标准差。

（1）全距

全距（R）是环境监测数据极大值与极小值之差。因全距受监测数据两端极值影响，故对于解决环境污染数据问题时，其作用是有限的。

（2）标准差

标准差（s）是最常用的变异性指标，是各监测数据与算术平均值之差的平方和平均值的平方根。应当注意的是：若以集合平均值表述，应采用几何标准差作为描述变异指标，利用标准差判断可信区间。

4．空间概括法

虽然频数分布概括法、中心趋势法、分散度法能够较好地反映环境状况信息的时间变化规律，但是依然不够，还需反映环境状况信息的时间变化规律。因而，环境监测原始数据的综合概括，还应为分析、解读监测数据的空间分布特征。最常用的方法，是利用行政区域地形图绘制等浓度线图。以大气污染等浓度线图为例，一般来说，绘制等浓度线图的必要条件之一，是评价区域大气环境监测点位足够多、监测数据完整。大气污染等浓度线图绘制方法，主要步骤是：

①将评价区域大气环境监测点位及其实测某大气污染物浓度值，按地理坐标或预测网格，标注在区域地形图上；

②从大气污染物极大值点开始，线划在该点或附近点之间，找出极大值或近似极大值的整数，并在图上注明；

③将标注点以线性连接；若大气环境监测网点不足以绘制等值线图，则可在地形图上标出所需表示的评价数据，便于不同评价区域之间对比。

二、监测数据分析

《环境监测管理办法》（国家环境保护总局令第39号）第3条指出：县级以上环境保护部门应当按照数据准确、代表性强、方法科学、传输及时的要求，建设先进的环境监测体系，为全面反映环境质量状况和变化趋势，及时跟踪污染源变化情况，准确预警各类环境突发事件等环境管理工作提供决策依据。任何环境监测活动都有目的性和计划性，任何环境监测方案都能提供反映区域、流域环境状况的监测数据，因而，环境监测数据分析与监测活动目的性直接相关，基本目的有：判断环境质量状况、分析环境质量变化趋势、跟踪污染源变化规律、评价环境治理和环境管理成效。

（一）判断环境质量状况

通过环境监测数据，借助超标率、超标倍数、污染指数、等标污染负荷、污染分担率或污染负荷系数等指标，分析、观察区域、流域污染源和环境质量时空分布状况，找出主要污染源、主要污染物，分析污染成因等。

（二）分析环境质量变化趋势

通过环境监测数据相关回归、时间数列趋势分析，判断区域（流域）环境质量变化趋势；通过环境监测数据时间和空间分布状况分析，探究区域或流域环境质量变化规律。

（三）跟踪污染源变化规律

通过工业企业、区域、流域主要污染源监测数据分析，跟踪主要污染物排放总量、环境容量总量动态变化情况，研究主要污染物稀释、自净、迁移、转化规律。

（四）评价环境治理与管理成效

通过环境监测数据分析，评价工业企业污染源治理、区域（流域）环境综合整治或生态环境破坏重建、主要污染物排放总量和环境容量总量控制、环境管理措施成效，以及环境经济效益。

一般来说，环境监测数据分析，主要有数据完整性、分布规律、时间序列、环境要素、污染趋势分析等。

1. 数据完整性分析

环境监测数据分析的首要工作是分析搜集数据的正确性、完整性。为确定监测数据的正确性，必须逐一检查；通过检查异常现象，验证监测数据是否正确；通过综合概括、将数据集成图表方法，有利于发现异常数据，以便在监测数据分析处理前，校正或提出异常数据。

一般来说，环境监测数据的完整性有两种情况：一是因环境自动监测或污染源在线监测网络或微机网络故障，致使监测数据或传输数据被丢失；二是有计划地中断监测数据，即：间断采样，无论自动、在线、手工监测，都是遵循"环境监测技术规范"规定的监测频率，实施周期性间断采样。解读监测数据时，这两类情况应当注意区别。

在环境监测工作实践中，往往其出发点都是基于实用，试图通过研究数理统计方法，解决数据集不完整问题。然而，应当看到：数据总体分布规律分析是不可或缺的，监测频率的减少和依此获取的监测数据集总体变异性的增加，导致算术平均值、集合平均值、标准偏差等统计指标的精度降低。以环境空气质量监测数据为例，若隔日采集24h样品，则较逐日采样所得年日平均值偏差，实际小于±2%；若隔12日采集24h样品，则较逐日采样所得年日平均值偏差，实际小于±5%。显然，因数据集不完整，环境空气质量极大值很可能被低估了。实际工作中，环境污染控制很可能失策。

事实上，当执行既定环境监测计划或实施方案，连续监测的一组数据中极大值被检出的概率是可以计算的。仍以环境空气质量监测为例，瞬时超标数据被检出的概率是采样品数的函数，其函数关系见表5-2。

表5-2　多日环境空气监测超标或预测值监测频率

年实际超标次数	监测频率			年实际超标次数	监测频率		
	隔5d（第6d）	隔2d（第3d）	隔1d		隔5d（第6d）	隔2d（第3d）	隔1d
2	0.03	0.11	0.25	16	0.78	0.98	0.99
3	0.13	0.41	0.69	18	0.83	0.99	0.99
4	0.26	0.65	0.89	20	0.87	0.99	0.99
5	0.40	0.81	0.96	22	0.91	0.99	0.99
10	0.52	0.90	0.99	24	0.92	0.99	0.99
12	0.62	0.95	0.99	26	0.95	0.99	0.99
14	0.71	0.97	0.99	27	-	-	-

表5-2显示：当在间隔采样基础上确定极大值时，其准确性是有限的，解决的方法主要有二：一是增加监测采样频次；二是采用适宜的数学式，从监测数据中估算

极大值。

2. 数据分布规律分析

环境监测数据分布规律的分析目的：掌握实际监测数据服从的正态、偏态分布规律，以使有限的监测数据能够表达完整的数据集；事实上，频数分布、累计频数分布都可恰当地描述已知时点某污染物分布状况，单个监测值的变异性可以相应标准差表述，亦即，当实际数据集分布规律确定后，标准差的概念就有了确切意义和作用。

为寻求环境监测数据的一般分布规律，人们几乎引入了全部数理统计方法。然而，环境污染物时空分布的随机性大，实测数据大都呈偏态分布，故以对数正态分布近似法为常用方法。所谓偏态分布，即，采用某污染物浓度与频数分布相结合绘制的直方图或频数分布曲线是非对称的；为克服这个困难，可通过对数将监测数据转换成正态分布，此时，集合平均数及其标准差便可完整地说明此种分布规律；实现偏态分布转换为正态分布最好的方法，是将监测数据直接在对数坐标系上绘制曲线。

3. 数据时间序列分析

环境监测数据时间序列分析，是社会经济统计学及其实际统计工作中常用的一种方法，指在特定时间间隔内监测的一组环境数据，包括连续监测或间断采样获取的数据。一般来说，环境监测数据时间序列数据主要有两种：一是周期性时间序列数据；二是趋势性时间序列数据。

环境监测周期性时间序列数据分析比较容易，当分析环境监测数据周期性变化时，将环境要素、污染源调查监测数据结合分析，或将环境要素调查数据、污染源调查监测数据、某污染物监测浓度数据标注在同一时间坐标系上；当分析环境状况变化趋势时，必须注意参数和时间间隔选择；此外，环境趋势分析应图文并茂。为降低环境趋势分析偏差，有两种时间序列处理方法：一是滑动平均法，所得趋势线比较平滑，此法可去除偶然性变化；二是将时间间隔分为相等的两部分（若时期数为奇数时，中间相邻的两个时期数据均应使用），将两个时期内统计量的算术平均值进行比较分析。

环境监测数据时间序列分析方法的滑动平均法见表5-3。

表5-3　滑动平均法时间序列分析表

时间序列	某污染物浓度值		
	年日平均值	3年滑动平均值	多年滑动平均值
1995	184	-	-
1996	147	(184+147+153)/3=161	$(x_1+x_2+L+x_n)$ /n
1997	153	(147+153+184)/3=161	$(x_2+x_3+L+x_{n-1})$ /n
1998	184	(153+184+151)/3=163	$(x_3+x_4+L+x_{n-2})$ /n
1999	151	……	……

4．环境要素配合分析

解读环境监测数据，往往需要大量自然环境、社会环境要素特征数据资料相互配合。例如：解读环境空气质量监测数据，需要结合气象低空探测数据，从而达到解读大气环境污染物自净机制、扩散规律和污染成因等；解读地表水质监测数据，需要水文观测数据配合，进而解读水污染物稀释、扩散、净化规律和污染成因等。

由此而论，分析环境监测数据，应将污染源调查监测数据与自然环境、社会环境要素特征数据相结合，开展同步分析，运用相关回归及其他数学模型、自然科学、工程技术等分析方法，确定环境污染与其相关因素之间的关系。常见分析方法有：污染气象分析中风向频率、分档风速、污染系数（指数）等；水量水质分析中河流径流量、纳污量、污径比、某流量下污染物浓度等。

5．环境污染趋势分析

描述区域（流域）环境污染趋势，既有定性方法，又有定量方法。目前，国家环境监测机构规定的环境质量趋势分析方法主要有：单因子浓度两时段/区域/断面/河段/河流/水系比标法、综合指数法、Spearman秩相关系数法等。

三、监测数据解读

环境评价实际工作中，环境监测数据分析与解读之间，既无明确定义，也无明显区别，统计概括、分析、解读之间的主要区别是为政府决策和环境管理服务的目的性。

统计概括，指环境监测数据归纳方式；统计分析，是将环境监测数据计算出所需要的参数，为解读监测数据奠定基础；解读环境监测数据，指环境监测结果的意义，亦即，环境状况及其变化趋势、污染治理-生态破坏重建-环境管理成效。事实上，环境监测工作的主要目的为解读监测数据明确了方向与范围；环境监测工作的目的，决定了环境监测数据解读。实际监测工作中，解读环境监测数据的主要目的是：首先，环境监测数据能否反映区域（流域）环境质量状况？环境质量现状如何？有哪些主要环境问题？其次，环境监测数据可表征区域（流域）环境质量发展变化何规律或哪些特征？再次，环境监测数据可表明区域（流域）环境何种趋势及污染成因？有哪些特征性环境问题？最后，通过环境调查监测数据综合分析，结合现行政策法规，应采取哪些区域（流域）环境宏观调控政策和技术对策？

应当指出的是：环境监测数据解读没有固定程式或可以借鉴的方法，必须结合区域（流域）实际，有针对性地分析环境状况，指出主要环境问题，提出环境对策措施。

第三节 环境质量评价

一、环境空气质量评价

（一）评价方法

1. 城市空气质量优良率

城市地区环境空气质量优良日数（空气污染指数（IAQI）≤100的日数）占全年日数的比率，计算方法如下式：

$$城市空气质量优良率=\frac{IAQI \leq 100日数}{全年日数}\times 100\% \tag{5-1}$$

2. 污染指数法

城市环境空气质量日报采用污染指数法，计算方法如下列各式：

$$P_i = \frac{C_i}{C_{i0}} \tag{5-2}$$

$$P = \sum_{i=1}^{n} P_i \tag{5-3}$$

式中：P_i——第i项大气污染物的分指数；

P——n项大气污染物的综合指数；

C_i——第i项大气污染物季或年均值，mg/m^3、$t/km^2 \cdot$ 月；

C_{i0}——第i项大气污染物环境质量标准，mg/m^3、$t/km^2 \cdot$ 月。

《环境空气质量指数（AQI）技术规定（试行）》（HJ 633—2012）规定的环境空气质量分指数级别对应大气污染物项目浓度限值，见表5-4。

表5-4　空气质量分指数及对应污染物项目浓度限值

空气质量分指数/IAQI	污染物项目浓度限值									
	$SO_2/$（μg·m⁻³）		$NO_2/$（μg·m⁻³）		$PM_{10}/$（μg·m⁻³）	$CO/$（mg·m⁻³）		$O_3/$（μg·m⁻³）		$PM_{2.5}/$（μg·m⁻³）
	24h平均	1h平均	24h平均	1h平均	24h平均	24h平均	1h平均	1h平均	8h均值	24h平均
0	0	0	0	0	0	0	0	0	0	0
50	50	150	40	100	50	2	5	160	100	35
100	150	500	80	200	150	4	10	200	160	75
150	475	650	180	700	250	14	35	300	215	115

空气质量分指数/IAQI	污染物项目浓度限值									
	SO_2/（$\mu g \cdot m^{-3}$）		NO_2/（$\mu g \cdot m^{-3}$）		PM_{10}/（$\mu g \cdot m^{-3}$）	CO/（$mg \cdot m^{-3}$）		O_3/（$\mu g \cdot m^{-3}$）		$PM_{2.5}$/（$\mu g \cdot m^{-3}$）
	24h平均	1h平均	24h平均	1h平均	24h平均	24h平均	1h平均	1h平均	8h均值	24h平均
200	800	800	280	1200	350	24	60	400	265	150
300	1600	（2）	565	2340	420	36	90	800	800	250
400	2100	（2）	750	3090	500	48	120	1000	（3）	350
500	2620	（2）	940	3840	600	60	150	1200	（3）	500

说明：（1）SO_2，NO_2、PM_{10}、CO的1h平均浓度限值仅用于实时报，在日报中需使用相应污染物24h平均浓度限值；（2）SO_2的1h平均浓度限值大于800$\mu g \cdot m^{-3}$的，不再计算其空气质量分指数，SO_2空气质量分指数按24h平均浓度计算的分指数报告；（3）O_3的8h平均浓度值大于800$\mu g \cdot m^{-3}$的，不再计算其空气质量分指数，O_3空气质量分指数按1h平均浓度计算的分指数报告。

根据《环境空气质量指数（AQI）技术规定（试行）》（HJ633-2012）规定，大气污染物（P）的空气质量分指数（$IAQI_p$）按下式计算：

$$IAQI_p = \frac{IAQI_{Hi} - IAQI_{Lo}}{BP_{Hi} - BP_{Lo}}(C_p - BP_{Lo}) + IAQI_{Lo} \tag{5-4}$$

式中：$IAQI_p$——污染物项目P的空气质量分指数；

　　　C_p——污染物项目P的质量浓度值；

　　　BP_{Hi}——表5-4中与C_p相近的污染物浓度限值的高位值；

　　　BP_{Lo}——表5-4中与C_p相近的污染物浓度限值的低位值；

　　　$IAQI_{Hi}$——表5-4中与BP_{Hi}对应的空气质量分指数；

　　　$IAQI_{Lo}$——表5-4中与BP_{Lo}对应的空气质量分指数。

3. 首要污染物选取

《环境空气质量指数（AQI）技术规定（试行）》（HJ633-2012）4.4.1规定的空气质量指数（API），计算方法如下式：

$$API = Max\{IAQI_1，IAQI_2，IAQI_3，\cdots，IAQI_n\} \tag{5-5}$$

式中：IAQI——空气质量分指数；

　　　n——污染物项目数。

AQI>50时，IAQI最大的污染物为首要污染物；若IAQI最大的污染物超过2项时，并列为首要污染物。AQI>100的污染物为超标污染物。环境空气质量指数级别划分方法，见表5-5。

表5-5 空气质量指数及其相关信息

空气质量指数	空气质量指数级别	空气质量指数类别与表征颜色		对健康影响情况	建议采取的措施
0~50	一级	优	绿色	空气质量令人满意,基本无大气污染物	各类人群可正常活动
51~100	二级	良	黄色	空气质量可接受,但某些污染物可能对极少数异常敏感人群健康有较弱影响	极少数异常敏感人群应减少户外活动
101~150	三级	轻度污染	橙色	易感人群症状有轻度加剧,健康人群出现刺激症状	儿童、老年人和心脏病、呼吸系统疾病患者应减少长时间和高强度户外锻炼
151~200	四级	中度污染	红色	进一步加剧易感人群症状,可能对健康人群心脏、呼吸系统有影响	儿童、老年人和心脏病、呼吸系统疾病患者避免长时间、高强度户外锻炼,一般人群适量减少户外运动
201~300	五级	重度污染	紫色	心脏病和肺病患者症状显著加剧,运动耐受力降低,健康人群普遍出现症状	儿童、老年人和心脏病、肺病患者应停留在室内,停止户外活动,一般人群减少户外运动
>300	六级	严重污染	褐红色	健康人运动耐受力降低,有明显强烈症状,提前出现某些疾病	儿童、老年人和病人应当留在室内,避免体力消耗,一般人群应避免户外活动

(二)趋势分析

1．两时段空气质量级别比较

描述年际间评价区域环境空气质量级别发生1个级别变化时,为"空气质量由××级变为××级,评价区域环境空气质量好转或变差"。描述年际间评价区域环境空气质量级别发生2个级别变化时,为"空气质量由××级变为××级,评价区域环境空气质量明显好转或明显恶化"。

2．两时段大气污染程度比较

大气污染程度比较,一般仅在同一个污染级别内进行;评价区域环境空气质量优于二级时,不比较大气污染程度,见表5-6。

表5-6 污染程度分析判据表（mg·m⁻³）

污染物	后1年与前1年差值	定性描述	后1年与前1年差值	定性描述
SO₂	0.02	污染程度加重	-0.02	污染程度减轻
NO₂	0.02	污染程度加重	-0.02	污染程度减轻
PM₁₀	0.03	污染程度加重	-0.03	污染程度减轻

通过污染物年平均浓度变化,比较各类污染物污染程度年际变化:年际间某污

染物浓度未超过表5-6限值时，表示该污染物污染程度基本不变；年际间某污染物浓度超过表5-6限值时，表示该污染物污染程度加重或减轻。

通过综合污染指数变化，比较评价区内环境空气质量年际变化：参与评价的各污染物综合污染指数年际间变化大于0.5个单位时，表示评价区域大气环境污染程度加重或减轻；小于0.5个单位时，表示评价区域大气环境污染程度基本不变。

通过环境空气质量年际变化，比较评价区内大气环境污染程度年际变化：设ΔG为后时段与前时段评价区内年际间二级日数达标率之差（$\Delta G=G_2-G_1$），ΔD为后时段与前时段评价区内年际间超过三级日数比例之差（$\Delta D=D_2-D_1$），则：当$\Delta G-\Delta D>0$，则污染程度减轻；$\Delta G-\Delta D<0$，污染程度加重；$0.0\leq|\Delta G-\Delta D|<3.0\%$，污染程度基本不变；$3.0\%\leq|\Delta G-\Delta D|<10.0\%$，污染程度有所减轻或加重；$|\Delta G-\Delta D|\geq10.0\%$，污染程度显著减轻或加重。

3．区域整体变化趋势

设ΔG为后时段与前时段评价区内某污染物达标城市比例之差，或者环境空气质量达到或优于二级城市比例之差（$\Delta G=G_2-G_1$）；ΔD后时段与前时段评价区内某污染物劣于三级日数比例之差，或者环境空气质量劣于三级城市比例之差（$\Delta D=D_2-D_1$）；则：当$\Delta G-\Delta D>0$，则区域某污染物污染程度减轻或环境质量好转；$\Delta G-\Delta D<0$，区域某污染物污染程度加重或环境质量好转变差；$0.0\leq|\Delta G-\Delta D|<5.0\%$，区域某污染物污染程度或环境质量稳定；$5.0\%\leq|\Delta G-\Delta D|<15.0\%$，区域某污染物污染程度或环境质量有所变化；$|\Delta G-\Delta D|\geq15.0\%$，区域某污染物污染程度或环境质量显著变化。

二、地表（下）水质评价

（一）地表水质评价方法

1．河流水质评价方法

（1）定性评价

①断面水质评价。

每个河流断面水质类别，根据评价时段内该断面水质评价项目和选择参与评价项目中类别最高的一项确定；描述断面水质类别时，使用"符合"或"劣于"等词。

②河段水质评价。

城市河段设置2个以上监测断面时，例如，对照断面、控制断面、削减断面等，确定河段水质类别，采用平均水质类别法，即，将河段所有断面各污染项目浓度分别计算算术平均值，其中，污染最重的项目所达到的水质类别即为该河段水质类别。

河流断面、河段水质类别与水质定性评价分级的对应关系见表5-7。

表5-7　河流断面/河段水质类别与定性评价分级对应关系

水质类别	水质状况	表征颜色	水质功能
I~II类	优	绿色	饮用水源一级保护区，珍稀水生生物栖息地，鱼虾类产卵场，仔稚幼鱼索饵场等
III类	良好	蓝色	饮用水源二级保护区，鱼虾类越冬场、洄游通道，水产养殖区，游泳区
IV类	轻度污染	黄色	一般工业用水区，人体非直接接触的娱乐用水区
V类	中度污染	橙色	农业用水区，一般景观用水区
劣V类	重度污染	红色	除调节局部气候外，几乎无使用功能

③河流/水系水质评价。

当河流、水系监测断面总数大于等于5个时，在断面水质类别评价基础上，采用断面水质类别比例法，即，各水质类别断面占所有评价断面总数百分比表征河流、水系水质状况；当河流、水系断面总数小于5个时，则直接指出每个断面水质类别。河流、水系不作整体水质类别评价。

在描述河流、水系整体水质状况时，按监测断面类别比例计算出各水质类别所占百分比。河流、水系水质类别比例与水质定性评价分级对应关系见表5-8。

表5-8　河流断面/河段水质类别比例与定性评价分级对应关系

水质类别比例	水质状况	表征颜色
I~III类水质比例≥90%	优	绿色
75%≤I~III类水质比例<90%	良好	蓝色
I~III类水质比例<75%，且劣V类水质比例<20%	轻度污染	黄色
I~III类水质比例<75%，且20%≤劣V类水质比例<40%	中度污染	橙色
I~III类水质比例<60%，且劣V类水质比例≥40%	重度污染	红色

对于监测断面总数小于5个的河流、水系，按表5-7直接定性指出每个断面的水质状况。

④河流/水系主要水质类别确定

河流、水系中主要水质类别判定条件是：当河流、水系某类水质断面比例≥60%时，称河流、水系以该类水质为主；当不满足上述条件时，若I~III类或IV~V类水质断面比例≥70%时，称河流、水系以I~III类或IV~V类水质为主；此外，不指出主要水质类别。

（2）主要污染指标确定

评价时段内，断面、河段、河流、湖库、水系水质为"优"和"良好"时，不评价主要污染项目。确定了主要污染指标的同时，应在项目后标注该指标浓度最大值超过III类水质标准倍数，即最大超标倍数，例如：高锰酸盐指数（COD_{Mn}）超过

III类水质1.2倍；水温、pH值、溶解氧（DO）等项目不计算最大超标倍数，其污染程度视具体情况而定。

最大超标倍数=（某项目浓度最大值-该项目III类水质标准）/该项目III类水质标准（5-6）

①断面/河段主要污染指标确定方法

将断面、河段水质超过III类标准的项目，按其超标倍数大小排序，取超标倍数最大的前三项作为主要污染项目。

②河流/水系主要污染指标确定方法

将水质超过III类标准的项目，按其断面超标率大小排序，取断面超标率最大的前三项作为主要污染项目。河流、水系断面小于5个，按"断面/河段主要污染指标确定方法"确定每断面主要污染指标。

断面超标率（%）=（某评价项目超过III类标准的断面（点）个数/断面（点）总数）×100%（5-6）

2．湖泊/水库评价方法

（1）湖泊、水库水质评价，采用水深0.5m处监测数据；单个点位水质评价，执行"河流断面水质定性评价方法"。

（2）湖泊、水库多个点位水质评价，首先计算湖（库）各点位、各评价项目浓度算术平均值，然后按"河流断面水质定性评价方法"评价。

（3）湖泊、水库多次监测结果水质评价，首先按时间序列计算湖库各点位、各评价项目浓度算术平均值，再按空间序列计算湖库所有点位各评价项目浓度算术平均值，然后按"河流断面水质定性评价方法"评价。

（4）对于大型湖泊、大型水库，亦可划分不同湖区、不同库区，分别进行水质评价。

（二）地表水质趋势分析

《地表水环境质量评价技术规定》（暂行）规定了全国河流、湖泊、水库（不含近岸海域）水质变化趋势分析方法。

1．基本要求

同一河流、水系与前一时段、前一年度同期或多时段水质变化趋势比较时，须满足三个条件，即：选择的监测项目必须相同，选择的评价断面基本相同，定性评价必须以定量评价为依据。

2．不同时段定量比较

不同时段定量比较，指同一断面（河流、水系）水质状况与前一时段、前一年度同期或某两个时段进行比较；比较方法：单因子浓度比较、达标率比较、组合类别比例比较。

①断面单因子浓度平均值比较。评价某一段面或河段在不同时段水质变化时，

可直接比较评价项目浓度值，并以折线图表征其比较结果。

②河流与水系各类别比例比较。评价不同时段某一河流、水系水质时间变化趋势，可直接分析各类水质类别比例变化，并以图（表）表征；比较的类别，可以是单个类别比较，也可以组合类别比较。

③秩相关系数法比较。年度和五年城市地区地表水质变化趋势分析，采取Spearman秩相关系数法，分析年际间、5～10年地表水体长期污染趋势。

3．水质趋势定性分析

地表水质变化趋势定性分析，指在定量趋势分析基础上，需要评价两个时段或多时段水质变化趋势和变化程度；描述水质变化趋势特征术语：①无明显变化：地表水质状况等级没有发生比较明显的变化；②变化：包括水体污染程度减轻或加重，水质好转或下降；③显著变化：包括水体污染程度显著减轻或显著加重，水质显著好转或显著恶化。

（1）两时段断面污染项目浓度变化趋势评价

描述某污染项目浓度值与前一时段的变化程度时，按以下规定评价：

①当某项目浓度值升高或下降幅度≤20%，且未使该项目水质类别发生变化时，则可以说明该项目无显著变化；

②当某项目浓度值升高或下降幅度>20%，但≤40%，或该项目水质类别发生1个级别变化时，则可以说明该项目好转或恶化；

③当某项目浓度值升高或下降幅度>40%，或该项目水质类别发生2个或2个以上级别变化时，则可以说明该项目显著好转或显著恶化。

（2）两时段断面/河段/河流/水系水质变化趋势评价

描述断面、河段、河流、水系水质不同时段变化趋势，以断面、河段水质类别或河流、水系水质类别比例变化为依据，对照表5-7或表5-8规定，按下述方法评价：

①按水质状况等级变化评价。当水质状况等级不变，则评价为无明显变化；当水质状况发生一级变化时，则评价为有所变化——好转或变差/下降；当水质状况发生两级及以上变化时，则评价为明显变化——明显好转或明显变差/明显下降。

②按组合类别比例法评价。设ΔG为后时段与前时段I～III类水质百分点之差（$\Delta G=G_2-G_1$），ΔD为后时段与前时段劣V类水质百分点之差（$\Delta D=D_2-D_1$），则：当$\Delta G-\Delta D>0$，则水质变好；$\Delta G-\Delta D<0$，水质变差；$|\Delta G-\Delta D|\leq10$，评价为无明显变化；$10<|\Delta G-\Delta D|\leq20$，评价为有所变化——好转或变差/下降；$|\Delta G-\Delta D|>20$，评价为明显变化——明显好转或明显变差/明显下降。

三、声环境质量评价

（一）环境噪声统计

由于声级计测量的环境噪声A声级随机起伏大，各测点间隔5s读取1个瞬时A声

124

级（慢响应），因而，须连续读取100个数据；通过测量数据分析，获得评价量：L_{10}，L_{50}，L_{90}和L_{eq}。城市建成区划分成若干等距离网格，每个网格等效连续A声级（L_{eq}）再求其平均值，即为该城市平均等效A声级（L_{eq}）。因城市昼夜瞬时声级不同，故：以L_d、L_n分别表示昼间和夜间等效A声级。

1. 区域环境噪声

（1）测点等效声级（L_{eq}）

$$L_{eq} = 10\log\left[\frac{1}{N}\sum_{i=1}^{n}100^{0.1L_{eqi}}\right]\qquad(5-7)$$

式中：N——取样总数，个；

$\quad$ L_{eq}——各测点等效声级（L_{eq}），dB（A）。

（2）平均声级（$L_{eq均}$）与标准差（σ）

$$L_{eq} = \frac{1}{n}\sum_{i=1}^{n}L_{eqi}\qquad(5-8)$$

式中：n——测点总数，个；其余符号意义同上。

2. 功能区环境噪声

环境噪声监测使用的HS6288型声级计，可打印（20min）监测点累计声级、等效声级、标准差等参数，数学表达式如下：

（1）昼间平均声级（L_d）

$$L_d = \frac{1}{n}\sum_{i=1}^{n}L_{di}\qquad(5-9)$$

式中：n——16，07：00～22：00；

$\quad$ L_{di}——昼间16个小时中第i小时的等效声级，dB（A）。

（2）夜间平均声级（L_n）

$$L_n = \frac{1}{n}\sum_{i=1}^{n}L_{ni}\qquad(5-10)$$

式中：n——8，23：00～06：00；

$\quad$ L_{ni}——夜间8个小时中第i小时的等效声级，dB（A）。

（3）功能区L_d、L_n年平均值

国家规定：功能区定点环境噪声每年测量两次，因此，各测点声级的年平均值，即为两次测量结果的算术平均值。

3. 道路交通噪声

（1）某路段平均L_{eq}

$$L_{eq} = \frac{1}{n}\sum_{i=1}^{n}L_{eqi}\qquad(5-11)$$

式中：n——某路段测点数，个；

L_{eqi}——该路段下某测点等效声级（L_{eq}），dB（A）。

（2）各路段平均声级（$L_{eq均}$）

$$L_{eq\infty} = \sum_{i=1}^{n} L_{eqi}L_i / L \tag{5-12}$$

式中：L_{eqi}——某路段平均噪声，dB（A）；

L_i——某路段长度，m；

L——测量路段总长度，m；

n——测量路段总数，个。

（3）交通干线平均路宽（W）

$$W = \sum_{i=1}^{n} W_iL_i / L \tag{5-13}$$

式中：W_i——某路段平均路宽，m；其余符号意义同上。

（4）交通干线平均车流量（Q）

$$Q = \sum_{i=1}^{n} q_iL_i / L \tag{5-14}$$

式中：q_i——某路段平均车流量（辆/时）；其他符号意义同上。

（二）环境噪声评价

1. 比标法

中国环境监测总站发布的《声环境质量评价方法技术规定》（总站物字〔2003〕52号）声环境质量等级划分：城市区域环境噪声、道路交通噪声分为重度污染、中度污染、轻度污染、较好、好等5个声环境质量等级（见表5-9或表5-10）。

表5-9 城市区域环境噪声质量等级划分 平均等效声级：dB（A）

重度污染	中度污染	轻度污染	较好	好
>65.0	60.1～65.0	55.1～60.0	50.1～55.0	≤50.0

表5-10 道路交通噪声质量等级划分 平均等效声级：dB（A）

重度污染	中度污染	轻度污染	较好	好
>74.0	72.1～74.0	70.1～72.0	68.1～70.0	≤68.0

2. 指数法

综合评价城市环境噪声时，可预先确定等效连续A声级的一个基准值，将通过测量得到的平均等效A声级（L_{eq}）除以基准值L_b，即可求得评价声环境质量的污染分指数（P_n）：

$$P_n = L_{eq}/L_b \tag{5-15}$$

（三）声环境质量变化趋势分析

1. 区域环境噪声与交通噪声变化分析

年际间评价区内声环境质量发生1个级别变化时，描述为声环境质量由××级变为××级，评价区域声环境质量好转或下降；年际间评价区内声环境质量发生2个级别变化时，描述为声环境质量由××级变为××级，评价区域声环境质量显著好转或显著下降。

当声环境质量未发生级别变化而处于好或较好级别，平均等效声级升高或降低大于等于2dB（A）时，描述为声环境质量有所下降或有所好转；当声环境质量未发生级别变化而处于轻度污染、中度污染或重度污染级别，平均等效声级升高或降低小于2dB（A）时，描述为声环境污染有所加重或有所减轻；当声环境质量未发生级别变化而处于同一级别，平均等效声级升高或降低大于等于2dB（A）时，描述为声环境质量无明显变化。

2. 声环境质量变化趋势分析

城市区域环境噪声、功能区环境噪声、道路交通噪声年际和长期污染趋势分析，采用Spearman秩相关系数法。

四、土壤环境质量评价

（一）评价方法

土壤环境质量评价，一般采用土壤污染超标倍数、样本超标率等，反映土壤环境质量状况；在此基础上，采取单项污染指数、综合污染指数、污染物分担率评价土壤环境质量；单项污染指数小、污染轻，单项污染指数大、污染重。

1. 污染比标法

土壤污染超标倍数=（某污染物实测浓度值-某污染物质量标准）/某污染物质量标准　　　　　（5-16）

土壤污染样本超标率（%）=（样本超标数/监测样本总数）×100%　　（5-17）

2. 污染指数法

（1）单项污染指数

$$P_i = C_i / S_i \tag{5-18}$$

式中：P_i——土壤中污染物i，的污染指数；

　　　C_i——土壤中污染物i的实测浓度值；

　　　S_i——土壤污染物i的质量标准。

（2）累积污染指数

土壤累积污染指数=某污染物实测浓度值/某污染物背景值　　（5-19）

土壤污染物分担率（%）=（某项污染物指数/各项污染指数之和）×100%（5-20）

3. 内梅罗污染指数

内梅罗（N. L. Nemerow）指数突出反映了高浓度污染物对土壤环境质量影响（表5-11）。可按其污染指数，划定土壤污染等级。

$$内梅罗污染指数（Pn）=\{[（PI_{平均}^2）+（PI_{最大}^2）]/2\}^{1/2} \qquad （5-21）$$

式中：$PI_{平均}$——土壤平均单项污染指数；

$\quad\quad PI_{最大}$——土壤最大单项污染指数。

4. 背景值与标准差评价

使用区域土壤环境背景值（X）95%置信度范围（X±2S），评价土壤环境质量：若土壤某元素监测浓度值XI<X-2S，则该元素缺乏或属于低背景土壤；若土壤某元素监测浓度值在X±2S，则该元素含量正常；若土壤某元素监测浓度值XI>X+2S，则土壤已受该元素污染，或属于高背景土壤。

表5-11　土壤内梅罗污染指数评价标准

等级	内梅罗污染指数	土壤污染等级
I	Pn≤0.7	清洁（安全）
II	0.7<Pn≤1.0	尚清洁（警戒限）
III	1.0<Pn≤2.0	轻度污染
IV	2.0<Pn≤3.0	中度污染
V	Pn>3.0	重度污染

（二）污染分级

土壤环境质量评价研究提出：根据土壤和作物中污染物累积相关量，计算污染指数；首先，确定土壤污染级别，划分土壤污染指数范围，提出：

——土壤污染显著积累起始值：指土壤中某污染物超过评价标准的值，以X_a表示。

——土壤轻度污染起始值：指土壤污染物超过一定限度、使作物体内污染物含量增加，以致作物受污染，即：作物中污染物含量超过背景值；此时，土壤中污染物含量——轻度污染起始值以X_C表示。

——土壤重度污染起始值：指土壤污染物继续积累，作物受害加深，以致作物中污染物含量达到食品卫生标准；此时土壤中污染物含量，即：重度污染起始值，以X_P表示。

根据上述X_a、X_C、X_P等数值，确定土壤污染等级和土壤污染指数范围：

——未污染：土壤中污染物实测值≤X_a，P_i>1；

——轻度污染：土壤污染物实测值X_C<X_a，1<P_i<2；

——中度污染：土壤污染物实测值X_P<X_C，2<P_i<3；

——重度污染：土壤污染物实测值$\geq X_P$，$P_i > 3$。

根据上述土壤污染指数范围，再求具体土壤污染指数。这样，可消除$P_i = C_i/S_i$计算中因各污染物评价标准不同P_i可能相差极大的现象。

五、生态环境现状评价

生态环境现状评价内容因环境特征与研究目的而异，一般包括：生态系统物种、种群、群落等生物成分和水分、土壤等非生物成分评价，即：生态系统因子层次评价，生态系统结构与环境功能评价，生态环境问题，自然资源评价等。

（一）评价指标与方法

1. 生物丰度指数法

（1）权重

生物丰度指数分权重，见表5-12。

表5-12　生物丰度指数分权重

指标	林地			草地			水域湿地			耕地		建筑用地		未利用地		
权重	0.35			0.21			0.28			0.11		0.04		0.01		
结构类型	有林地	灌木林地	疏林地和其他林地	高覆盖度草地	中覆盖度草地	低覆盖度草地	河流	湖泊与水库	滩涂湿地	水田	旱地	城镇建设用地	农村居民点	其他建设用地	沙地	盐碱地	裸土地	裸岩石砾
分权重	0.6	0.25	0.15	0.6	0.3	0.1	0.1	0.3	0.6	0.6	0.4	0.3	0.4	0.3	0.2	0.3	0.3	0.2

（2）计算方法

生物丰度指数 = {A_{bio} × [（0.35×林地）+（0.21×草地）+（0.28×水域湿地）+（0.11×耕地）+（0.04×建设用地）+（0.01×未利用地）]}/区域面积　（5-22）

式中A_{bio}——生物丰度指数的归一化系数。

2. 植被覆盖指数法

（1）权重

植被覆盖指数分权重，见表5-13。

表5-13 植被覆盖指数分权重

指标	林地			草地			耕地		建筑用地			未利用地		
权重	0.38			0.34			0.19		0.07			0.02		
结构类型	有林地	灌木林地	疏林地和其他林地	高覆盖度草地	中覆盖度草地	低覆盖度草地	水田	旱地	城镇建设用地	农村居民点	其他建设用地	沙地	盐碱地	裸土地	裸岩石砾
分权重	0.6	0.25	0.15	0.6	0.3	0.1	0.7	0.3	0.3	0.4	0.3	0.2	0.3	0.3	0.2

（2）计算方法

植被覆盖指数={A_{veg}×[（0.38×林地面积）+（0.34×草地面积）+（0.19×耕地面积）+（0.07×建设用地）+（0.02×未利用地）]}/区域面积　　（5-23）

式中：A_{veg}——植被覆盖指数的归一化系数。

3．水网密度指数法

水网密度指数=[（A_{riv}×河流长度）/区域面积]+[（A_{lnk}×湖泊水库近海面积）/区域面积]+[（A_{res}×水资源量）/区域面积]　　（5-24）

式中：A_{riv}——河流长度的归一化系数；

A_{lnk}——湖库面积的归一化系数；

A_{res}——水资源量的归一化系数。

4．土地退化指数法

（1）权重

土地退化指数分权重见表5-14。

表5-14 土地退化指数分权重

土地退化类型	轻度侵蚀	中度侵蚀	重度侵蚀
权重	0.05	0.25	0.70

（2）计算方法

土地退化指数={A_{ero}×[（0.05×轻度侵蚀面积）+（0.25×中度侵蚀面积）+（0.70×重度侵蚀面积）]}/区域面积　　（5-25）

式中：A_{ero}——土地退化指数的归一化系数。

5．环境质量指数法

（1）权重

环境质量指数分权重见表5-15。

表5-15　环境质量指数分权重

环境因子类型	二氧化硫（SO$_2$）	化学需氧量（COD$_{cr}$）	固体废物
权重	0.40	0.40	0.20

（2）计算方法

环境质量指数=｛0.4×[100−（A$_{SO2}$×SO$_2$排放量）/区域面积]｝+｛0.4×[100−（A$_{CODCr}$×COD$_{Cr}$排放量）/区域年均降雨量]｝+｛0.2×[100−（A$_{sol}$×固体废物排放量）/区域面积]｝（5-26）

式中：A$_{SO2}$——SO$_2$的归一化系数；

A$_{CODCr}$——COD$_{Cr}$的归一化系数；

A$_{sol}$——固体废物的归一化系数。

（二）生态环境状况指数（Ecological Index，EI）计算方法

1．评价指标权重

生物丰度指数、植被覆盖指数、水网密度指数、土地退化指数、环境质量指数等项生态环境评价指标权重见表5-16。

表5-16　各项评价指标权重

指标	生物丰度指数	植被覆盖指数	水网密度指数	土地退化指数	环境质量指数
权重	0.25	0.20	0.20	0.20	0.15

2．EI计算方法

EI=（0.25×生物丰度指数）+（0.20×植被覆盖指数）+（0.20×水网密度指数）+（0.20×土地退化指数）+（0.15×环境质量指数）　（5-27）

（三）生态环境状况分级

根据生态环境状况指数，将生态环境分为五级，即：优、良、一般、较差、差，见表5-17。

表5-17　生态环境状况分级

级别	优	良	一般	较差	差
指标	EI≥75	55≤EI<75	35≤EI<55	20≤EI<35	EI<20
状态	植被覆盖度高，生物多样性丰富，生态系统稳定，最适合人类生存	植被覆盖度较高，生物多样性较丰富，基本适合人类生存	植被覆盖度中等，生物多样性一般水平，较适合人类生存，但有不适合人类生存的制约因子出现	植被覆盖较差，严重干旱少雨，物种较少，存在着明显限制人类生存的因素	条件较恶劣，人类生存环境恶劣

（四）生态环境状况变幅分级

生态环境状况变化幅度划分为4级，即：无明显变化、略有变化（好或差）、明显变化（好或差）、显著变化（好或差），见表5-18。

表5-18　生态环境状况变化度分级

级别	无明显变化	略有变化	明显变化	显著变化
变化值	|ΔEI|<2	2<|ΔEI|≤5	5<|ΔEI|≤10	|ΔEI|>10
描述	生态环境状况无明显变化	若2<ΔEI≤5，则生态环境状况略微变好；若-2>ΔEI≥-5，则生态环境状况略微变差	若5<ΔEI≤10，则生态环境状况明显变好；若-5>ΔEI≥-10，则生态环境状况明显变差	若ΔEI>10，则生态环境状况显著变好；若ΔEI<-10，则生态环境状况显著变差

（五）生态系统质量评价

我国学者曹洪法（1995）提出的生态系统质量评价，考虑了植被覆盖率、群落退化程度，自我恢复能力、土地适宜性等特征，按100分制赋各特征值。生态系统质量（EQ）按下式计算：

$$EQ = \sum_{i=1}^{N} A_i / N \qquad (5-28)$$

式中：EQ——生态系统质量；

A_i——第i个生态特征赋值；

N——参与评价的特征数。

根据EQ值，将生态系统分为五级：Ⅰ级100～70，Ⅱ级69～50，Ⅲ级49～30，Ⅳ级29～10，Ⅴ级9～0。

第四节　环境监测报告

一、环境监测报告特征

环境监测报告是科学技术报告的一种形式，有别于环境科研报告和通用行政公文中各类报告，它是在某区域（流域）或企事业单位范围内表达环境专业技术工作的成果，或反映专项（综合）环境保护技术工作进展情况的一种常用陈述性文体，是环境监测人员在其相应专业技术工作中提出的书面报告。

环境监测报告，按时间顺序，可分为监测日报、月报、季报、期报、年报；按保密程度，可分为绝密报告、机密报告、秘密报告、解密报告和非密（公开）报告；按具体内容，可分为环境监测方案、环境调查报告、环境监测报告、分析实验报告、"三同时"验收监测报告、环境质量报告书等。

（一）环境监测报告对象

以自然环境、社会环境或客观环境事实、国家和地方政策法规、环境标准、技术规范、行政规章为依据，以环境调查、监测（观测）、实验、评价结果为基础，如实记录和体现环境要素状况及其发展变化趋势，为各级人民政府环境与发展抉择提供科学依据。

（二）环境监测报告作用

向各级人民政府和环境保护行政主管部门，以及社会公众报告环境状况及其发展变化趋势、主要环境问题、政策措施建议的环境技术信息。环境监测报告属于一次性文献或特殊文献，在环境管理工作中具有保存资料、交流信息、反映专业技术工作成果的作用。

（三）环境监测报告与专著区别

环境监测报告与环境科技论著都是描述环境保护专业技术工作或科研过程和成果的，二者编写过程、方法、规范和要求大体相同。然而，环境监测报告发布或报出，有其严格的保密程序和相关规定，未经同级环境保护行政主管部门或本单位批准，不得公开或报出；环境科技论著已经发表或出版，社会各界就公认它是一篇（部）学术论著。主要区别是：

首先，环境监测报告以向各级人民政府及其环境保护行政主管部门、被服务单位报告环境监测专项工作和调查、监测、分析评价成果为目的，环境科技论著以阐述作者学术观点、主张、见解和创新成果为目的，前者的告知性、政策性、技术性较强，后者的学术性、理论性较强。

其次，环境监测报告内容广泛、全面、系统、准确、及时，既可反映环境监测专业技术工作进展与过程，又可反映环境保护专业技术工作成果，还可反映环境监测专业技术工作存在的问题；环境科技论著内容比较专、深，具有单一性，要求集中反映创新性、科研成果和主要结论。

再次，环境监测报告应认真贯彻国家和地方相关政策法规、行政规章，严格执行环境标准、技术规范、报告编制格式，反映环境状况及其发展变化趋势，指出主要环境问题，提出对策建议；要求严谨，时效性较强，不得随意发挥。环境科技论著是在科研工作结束后，取得最终成果时编著；不强调时效性，可表达作者观点和个人认识。

最后，在表达方式上，主要区别是：环境监测报告注重叙述、说明、分析、评价、预测；环境科技论著注重逻辑推理、专业技术论证。

由此而论，环境监测报告与环境科技论著相比，一般来说，具有实践性、告知性、客观性、及时性特征。

1. 实践性

环境监测报告，以大量的环境调查、监测、观测、实验、评价过程及其成果为依据。编写环境监测报告，要求如实反映环境状况，既反映环境调查、监测、观测、实验、评价成果，也反映环境保护工作进展、过程、存在问题、对策建议。因而，环境监测报告是源于监测活动的报告，离开了环境监测工作，环境监测报告就成了无源之水、无本之木。

2. 告知性

这是环境监测报告的基本特征，也是区别于其他报告的主要方面。所谓告知，亦即公开，述说情况，让人知晓。环境监测报告公开对象有三类：一是向各级人民政府和环境保护行政主管部门报告区域（流域）和污染源动态变化、环境保护工作最新进展，以便掌握、取得指导和支持；二是向同行、合作者、社会公众告知环境状况，促进环境保护技术进步；三是环境保护专业技术人员向有关领导和业务技术管理部门告知个人专业技术工作情况。

3. 客观性

环境监测报告以监测活动中自然环境与客观事实为内容，真实记述环境监测工作的新情况、新动向、新进展、新认识、新发现、新成果；表达的新观点、新见解必须是监测成果的科学推理和论证，亦即，环境监测报告以告知自然环境与客观事实为主，忠于环境监测数据，反映环境状况本来面貌。无论陈述环境状况，还是列举调查事实，通过监测（观测）数据，以及导出的结论等，都应全面、系统、准确、及时地反映到监测报告中，必须提供耳闻目睹、亲临现场的第一手材料，间接资料应认真核实，让被告知对象真正知晓确凿可靠情况，绝不允许主观臆断，弄虚作假；环境监测工作目的、条件、仪器、方法、过程、结果等，都应使用明确的专业术语、图（表）、式如实叙述和说明。

4．及时性

国外许多非保密性环境保护技术报告，大多以小册子形式公诸于世，具有撰写快、出版快的特点，这是环境科技论著远不能及的。环境科技论著，从研究成果到分析、论证、解释、综合、归纳等都需要一定时间；发表或出版环境科技论著需经一系列程序，使论著从投稿到刊出或出版至少需要3～6个月时间。随着环境科技发展和环境管理技术不断更新，环境科技论著数量激增，但其使用价值随着时间推移不断下降、使用寿命逐渐缩短。

一般来说，环境监测报告篇幅有长有短，无需深入细致地学术探讨和理论研究，仅需将环境状况及其成果如实反映即可，编写时间短，结稿快，做好保密工作，以单行本公布或报出，可省去大量繁琐的编辑印发程序，节省时间。正因为它具有快捷特征，因而越来越受到各级人民政府和社会各界的重视。

二、环境监测报告管理

（一）监测报告性质

环境监测报告，是为阐明某环境要素实际状况在某种特定条件下，通过现场监测和实验室分析等程序，以反映环境要素实际状况的一种书面技术报告。它是环境监测人员向环境保护行政主管部门报告或向社会公众发布或向委托单位提供环境状况的一种文字和数字形式，属一次性文献。具体来说，在环境监测活动中，为掌握某环境要素状况，解决实际环境问题，往往需要开展环境监测，通过现场监测和实验室分析，以及综合、判断，如实地将监测结果记录下来，写成技术报告，即是环境监测报告。

环境监测报告是现场监测和实验室分析工作的如实描述和系统概括，是全部环境监测工作不可或缺的重要环节，同时，也是探索自然环境奥秘、开展环境科研的重要手段。主要特点是实践性、纪实性、确证性、创新性。

环境监测报告功用：一是客观反映某区域（流域）环境要素质量状况；二是验证环境科学理论、监测分析方法，开拓、补充或修正前人不足；三是使用已有监测分析方法作出更高精度的测试；四是使用新方法验证原有方法；五是为某项开拓性研究，设计全新的调查监测方案；六是培养或提高环境监测人员独立思考与实际工作能力。

环境监测报告，必须在科学采集环境样品和实验室规范分析获取的监测数据基础上编写。成功的实验分析结果记录，有利于不断积累分析方法资料，总结研究成果，提高分析人员观察能力和分析问题、解决问题的能力，牢固树立理论联系实际的学风和实事求是、严谨的科学态度。

环境监测实验报告区别于环境科技实验报告，前者是环境要素质量的真实反映，后者是为检验某种环境科技产品性能与功用，在规定条件下使用仪器或试剂并按规定方法检验产品后所作的书面检验报告。环境科技试验报告准确地反映了环境科技产品功能指标，对提高产品质量有重要参考价值。尽管"实验"和"试验"两者经常是交叉的，但前者具有实际应用价值，后者更趋功利性，不可将其混淆。

环境监测报告分类：按其用途不同，可分为常规监测报告、专项监测报告；按其性质不同，可分为环境要素监测报告、模拟监测报告、比对监测报告、析因监测报告等；按其功能不同，可分为测定型监测报告、检验型监测报告、创新型（新方法）监测报告。

（二）监测报告格式

国家和地方环境保护行政主管部门及环境监测业务主管部门，以及各级环境监测站质量手册，对环境监测报告格式均有专项规定，环境监测人员应严格遵照执行。这里，仅讨论环境监测数字型报告一般要求，不作具体规定。

1．标题

使用最简练的文字语言反映环境监测基本内容，即：环境监测对象。一般来说，标题属固定格式。

2．分析人员与单位

环境监测报告的分析人员，指该项监测实验室的操作者；在分析人员姓名下方位置标示工作单位。

3．摘要

即为具有资质的监测单位对环境监测报告的采样与分析方法、保密责任、质量保证、实效性、客观公正性所作的声明和说明，不作实验结果中最优样品质量和性能、分析过程、实验结果达标与否等阐释。

4．正文

根据国家环境监测报告相关技术规范要求，环境监测报告正文即是环境监测结果列表内容，不包括监测目的、监测要求、实验原理、实验仪器和试剂、实验步骤、数据记录、列表与制图、误差分析、实验结果、结论或讨论等内容。

（三）监测报告编制要求

1．做好监测分析

环境监测报告的关键，是认真记录各类现场条件与采样数据，做好环境监测全过程质量控制，这是编写环境监测报告的基础和前提。现场采样、实验室分析、数据统计没有质量保证，即使笔下生花，也无济于事。

2．认真绘制图表

图与表是表达环境监测结果的有效手段，较单纯的文字叙述更直观、简洁。有时，实验分析仪器和操作方法相当复杂，若仅使用文字语言表达，很难做到清晰明白，因而，应充分发挥图、表功能，辅以文字说明。

3．注重文字表达

环境监测报告应行文简洁、流畅，说明准确、具体，层次清晰、合理，采用专业名词术语表达监测过程与监测结果，绝不允许随意编造监测过程或任意篡改监测数据。

三、环境质量报告书管理

为规范环境质量报告书编制工作，环境保护部颁布了《环境质量报告书编写技术规范》（HJ 641—2012）。这里，简要介绍该标准规定的环境质量报告书编制原则、分类与结构内容。

（一）总体要求

1．环境质量报告书应着眼于法定环境整体，以系统理论为指导，采用科学方法，以定量评估为重点，兼顾定性评估；全面、客观地分析和描述环境质量状况，剖析环境质量变化趋势。表征结果应具有良好的科学性、完整性、逻辑性、准确性、可读性、可比性、及时性。

2．环境质量报告书的内容，要求层次清晰、文字精练、结论严谨，术语表述规范、统一。正文中文字、数据、图、表、编排格式等执行HJ 641—2012附录A规定，量和单位执行《量和单位》（GB 3100～3102—93）相关规定。

3．环境质量报告书中数据和资料来源，除环境监测机构的监测数据和资料外，还需搜集其他权威部门相关自然环境要素、社会环境要素数据和资料。环境质量状况采用环境监测机构实测数据，污染源采用环境监测机构监督性监测数据和环境保护行政主管部门环境统计数据，自然环境、经济社会发展数据分别采用国土、气象、水文、住建、水利、农业、林业、统计等行政主管部门发布的数据。搜集的数据和资料，应依据环境质量报告书编写目的分析和处理，做到环境监测数据与权威统计数据相结合，环境质量变化趋势与经济社会发展分析相结合。

4．环境质量报告书编写过程中，涉及的环境监测数据处理、评价标准、评价方法、环境质量变化趋势和规律分析、报告项目与图表运用方法等，执行各环境要素相关技术规定。

（二）分类与结构

1．质量报告书分类

环境质量报告书，按时间分为"年度环境质量报告书"和"五年环境质量报告书"；按行政区划分为"全国环境质量报告书""省级环境质量报告书""市级环境质量报告书""县级环境质量报告书"。

2．构成要素

环境质量报告书基本结构主要包括：结构要素、概况、环境质量状况、总结等内容。其中：概况部分，包括自然环境概况、社会环境概况、环境监测概况等内容；环境质量状况部分，包括主要污染排放、环境空气、地表（下）水环境、近岸海域海水环境、声环境、生态环境、辐射环境等章节；每章节环境要素，包括监测项目、评价因子、评价方法、评价结果表征和描述等内容。环境质量报告书应全面分析监测项目统计结果，从时间和空间角度分析其分布和变化规律，并运用各类图、表，辅以简明扼要的文字语言说明，形象表征分析结果。准确、概括总结各部分的分析结果，提出主要环境问题。结合自然、经济、社会、人口、城市布局、经济结构、能源资源利用、环境保护重大举措、污染物排放等相关因素综合分析。针对主要环境问题，提出包括政策、法规、管理、工程等方面改善环境质量的对策与建议，对策与建议应具有较强的时代感和可操作性。

HJ641-2012规定的环境质量报告书构成要素适用于"全国环境质量报告书"、"省级环境质量报告书"、"市级环境质量报告书"，县级环境质量报告书可适当增减内容。各级环境质量报告书内容尽可能满足构成要素要求，非必备内容可适当增减。环境质量报告书构成要素，见表5-19。

表5-19　环境质量报告书构成要素

要素类型	要素	是否必备（全国）	是否必备（省级）	是否必备（市级）
结构要素	封面	是	是	是
	内封	是	是	是
	前言	是	是	是
	目录	是	是	是
概况	自然环境概况	否	是	是
	社会环境概况	否	是	是
	环境保护工作概况	否	是	是
污染排放	环境空气污染排放	是	是	是
	水污染排放	是	是	是
	固体废物排放	是	是	是
环境质量状况	环境空气	是	是	是
	酸沉降	是	是	是
	沙尘暴	是	是[a]	是[a]
	地表水环境	是	是	是
	饮用水源地	是	是	是
	地下水环境	否	是[b]	是[b]
	近岸海域海水	是	是[a]	是[a]

要素类型	要素	是否必备（全国）	是否必备（省级）	是否必备（市级）
	声环境	是	是	是
	生态环境	是	是	是
	农村环境	是	是	是
	土壤环境	是	是	是
	辐射环境	是	是	是
	区域特异环境问题	否	否	是
总结	环境质量结论	是	是	是
	主要环境问题	是	是	是
	对策与建议	是	是	是
专题	特色工作或新领域	是	是	是

　　说明：（a）沙尘暴、近岸海域为沙尘暴、近岸海域监测网成员单位必备要素，非成员单位可结合辖区实际参考执行。

　　（b）年度环境质量报告书可作为非必备要素，五年环境质量报告书为必备要素。

四、验收调查监测报告管理

（一）验收管理规定

　　建设项目竣工环境保护验收，是指建设项目竣工后，环境保护行政主管部门依据国家规定和环境保护验收调查或监测结果，并通过现场检查等手段，考核该建设项目是否达到环境保护要求的活动。

　　1．建设项目环境保护验收范围

　　与建设项目有关的各项环境保护设施，包括：为防治污染和保护环境建成或配备的工程、设备、装置和监控手段，各项生态保护设施；环境影响评价文件与相关设计文件规定应采取的各项环境保护措施。

　　建设项目主体工程竣工后，建设单位应向有审批权的环境保护行政主管部门，申请竣工环境保护验收。试生产项目，建设单位应自试生产之日起3个月内，向有审批权的环境保护行政主管部门申请该项目竣工环境保护验收。试生产3个月仍不具备环境保护验收条件的项目，建设单位应在试生产3个月内，向有审批权的环境保护行政主管部门提出该项目环境保护延期验收申请，经批准后可继续试生产。试生产期（不含核设施）最长不超过1年。

　　主要因排放污染物产生环境污染与危害的建设项目，建设单位应提交环境保护验收监测报告（表）。主要对生态环境产生影响的建设项目，建设单位应提交环境保护验收调查报告（表）。环境保护验收调查或监测报告（表），由建设单位委托经环境保护行政主管部门批准设立并有计量认证资质的环境监测机构或辐射环境监测机构编制，以及有环境影响评价资质的机构编制。承担建设项目环境影响评价的机构不得同时承担该项目环境保护验收调查报告（表）的编制。

2．建设项目环境保护验收条件

（1）项目建设前期环境保护审查、审批手续完备，技术资料与环境保护档案资料齐全；

（2）环境保护设施及其他相应措施已按批准的环境影响评价和设计文件要求建成或落实，环境保护设施经70%负荷试车检测合格，防治污染能力适应主体工程需要；

（3）环境保护设施安装质量符合国家和相关部门颁发的专业工程验收规范、规程和检验评定标准；

（4）具备环境保护设施正常运转条件，包括经培训合格的操作人员、健全的岗位操作规程与相应的规章制度，原料、动力供应落实，符合交付使用的其他要求；

（5）污染物排放符合环境影响评价和设计文件中标准与核定排污总量控制指标要求；

（6）各项生态保护措施按环境影响评价文件要求落实，项目建设过程中受破坏并可恢复环境已按规定采取恢复措施；

（7）环境监测项目、点位、机构设置、人员配备，符合环境影响评价文件和相关规定要求；

（8）环境影响评价文件提出需验证环境敏感点影响，考核清洁生产指标，实施公众参与调查，实行施工期环境保护措施落实情况和工程监理的，已按规定要求完成；

（9）环境影响评价文件要求建设单位削减其他设施污染物排放量，或要求项目所在地人民政府或有关部门采取"区域削减"措施满足污染物排放总量控制要求的，其相应措施得到落实。

（二）验收调查监测报告

根据国家建设项目竣工环境保护验收相关规定，环境污染型建设项目，应编制环境保护验收监测报告（表）；生态环境影响型建设项目，应编制环境保护验收调查报告（表）。

环境保护验收调查与监测报告（表），主要内容包括：前言、编制依据、建设项目概况、污染源与治理设施或生态破坏与恢复措施、环境影响评价结论与批复意见、验收调查或监测标准、验收调查或监测内容、调查或监测结果、环境管理检查、公众参与调查、验收调查或监测结论、相关附件。

第六章 环境监测新技术发展

第一节 超痕量分析技术式

一、超痕量分析中常用的前处理方法

（一）液-液萃取法（LLE）

液-液萃取法是一种传统经典的提取方法。它是利用相似相溶原理，选择一种极性接近于待测组分的溶剂，把待测组分从水溶液中萃取出来。常用的萃取溶剂有正己烷、苯、乙醚、乙酸乙酯、二氯甲烷等，正己烷一般用于非极性物质的萃取，苯一般用于芳香族化合物的萃取，乙醚和乙酸乙酯对极性大的含氧化合物的萃取比较合适。二氯甲烷对非极性到极性的宽范围的化合物都有较高的萃取率，而且由于其沸点低，容易浓缩，密度大，分液操作方便，所以适用于多组分同时分析。但是由于二氯甲烷和苯具有强致癌性，从发展方向上来看，属于控制使用的溶剂。液-液萃取法有许多局限性，例如需要大量的有机溶剂、有时产生乳化现象影响分层以及溶剂蒸发造成样品损失等。

（二）固相萃取法（SPE）

固相萃取是一种基于液固分离萃取的试样预处理技术，由液固萃取和柱液相色谱技术相结合发展而来。固相萃取具有有机溶剂用量少、简便快速等优点，作为一种环境友好型的分离富集技术在环境分析中得到了广泛应用。一般固相萃取包括预处理（活化）、加样或吸附、洗去干扰杂质和待测物质的洗脱收集四个步骤。预处理一方面可以除去吸附剂中可能存在的杂质，减少污染；另一方面也是一个活化的过程，增加吸附剂表面和样品溶液的接触面积。加样或吸附就是用正压推动或负压抽吸使样品溶液以适当的流速通过固相萃取柱，待测物质就被保留在吸附剂上。洗去干扰杂质就是去除吸附在柱子上的少量基体干扰成分。洗脱收集就是用尽可能少量的溶剂把待测物质洗脱下来，再进行分析测定。

固相萃取的核心是固相吸附剂，不但能迅速定量吸附待测物质，而且还能在合适的溶剂洗脱时迅速定量释放出待测物质，整个萃取过程最好是完全可逆的。这就

要求固相吸附剂具有多孔、很大的表面积、良好的界面活性和很高的化学稳定性等特点，还要有很高的纯度以降低空白值。

吸附剂能把待测物质尽量保留下来，如何用合适的溶剂定量洗脱也很重要。洗脱溶剂的强度、后续测定的衔接和检测器是否匹配是应该考虑的几个问题。溶剂强度大，待测物质的保留因子就小，可以保证吸附在固定相上的待测物质定量洗脱下来。用于洗脱的溶剂易挥发，这样方便浓缩和溶剂转换。另外，溶剂在检测器上的响应尽可能小。

固相萃取柱基本上分两种：固相萃取柱（cartridge）和固相萃取盘（disk）。商品化的固相萃取柱容积为1～6mL，填料质量多在0.1～2g之间，填料的粒径多为40μm，上下各有一个筛板固定。这种结构导致了萃取过程中有沟流现象产生，降低了传质效率，使得加样流速不能太快，否则回收率会很低。样品中有颗粒物杂质时容易造成堵塞，萃取时间比较长。固相萃取盘与过滤膜十分相似，一般是由粒径很细（8～12μm）的键合硅胶或吸附树脂填料加少量聚四氟乙烯或玻璃纤维丝压制而成，其厚度约为0.5～1mm。这种结构增大了面积，降低了厚度，提高了萃取效率，增大了萃取容量和萃取流速，也不容易堵塞。盘片内紧密填充的填料基本消除了沟流现象。固相萃取盘的规格大小用盘的直径来表示，最常用的是47mm萃取盘，适合于处理0.5～1L的水样，萃取时间10～20min。固相萃取盘的种种优点及现有商品化固相萃取盘填料种类的多样性，使得盘式固相萃取法在各种饮用水、地下水、地表水及废水样品的痕量有机物分析测定中得到广泛应用。

（三）固相微萃取法（SPME）

固相微萃取技术是以固相萃取为基础发展而来的。最初仅利用具有很好耐热性和化学稳定性的熔融石英纤维作为吸附层进行萃取，定量定性分析茶和可乐中的咖啡因。后来又将气相色谱固定液涂渍在石英纤维表面，提高了萃取效率。1993年美国Supelco公司推出了商品化固相微萃取装置，使得固相微萃取作为一种较成熟的商品化技术在环境分析、医药、生物技术、食品检测等众多领域得到应用，显示出它简单、快速，集采样、萃取、浓缩和进样于一体的优点和特点。

（四）吹脱捕集法（P&T）和静态顶空法（HS）

吹脱捕集和静态顶空都是气相萃取技术，它们的共同特点是用氮气、氮气或其他惰性气体将待测物质从样品中抽提出来。但吹脱捕集与静态顶空不同，它使气体连续通过样品，将其中的挥发组分萃取后在吸附剂或冷阱中捕集，是一种非平衡态的连续萃取，因此吹脱捕集法又称为动态顶空法。由于气体的连续吹扫，破坏了密闭容器中气、液两相的平衡，使挥发组分不断地从液相进入气相，也就是说在液相顶部的任何组分的分压都为零，从而使更多的挥发性组分不断逸出到气相中，所以它比静态顶空法的灵敏度更高，检测限能达到μg/L水平以下。但是吹脱捕集法也不能将待测物质从样品中百分百抽提出来，它与吹扫温度、待测物质在样品中的溶解度和吹扫气的流速及流量等因素有关。吹扫温度高，样品容易被吹脱，但是温度升高使水蒸气量增加，影响吸附和后续测定，一般50℃比较合适。溶解度高的组分，很难被吹脱，加入盐能提高吹扫效率。吹扫气的流速太快或总流量太大，待测组分不容易被吸附或是吸附之后又被吹落，一般以40mL/min的流速吹扫10～15min为宜。

静态顶空法是将样品加入到管形瓶等封闭体系中，在一定温度下放置达到气液平衡后，用气密性注射器抽取存在于上部顶空中的待测组分，注入气相色谱仪或气相色谱质谱仪中进行测定。该方法必须保持平衡条件恒定不变，才能保证样品测定的重复性，测定的灵敏度也没有吹脱捕集法高，但操作简便、成本低廉。

（五）索氏提取法（Soxhelt Extraction）

索氏提取器是1879年Franz von Soxhlet发明的一种传统经典的实验室样品前处理装置，用于萃取固体样品，如土壤、底泥和废弃物中的非挥发性和半挥发性有机化合物。

（六）超声提取法（Ultrasonic Extraction）

美国标准方法3550C规定用超声振荡的方法提取土壤、底泥和废弃物中的非挥发性和半挥发性有机化合物。为了保证样品和萃取溶剂的充分混合，称取30g样品与无水硫酸钠混合拌匀成散沙状，加入100mL萃取溶剂浸没样品，用超声振荡器振荡3min，转移出萃取溶剂上清液，再加入100mL新鲜萃取溶剂重复萃取3次。合并3次的提取液用减压过滤或低速离心的方法除去可能存在的样品颗粒，即可用于进一步净化或浓缩后直接分析测定。超声提取法简单快速，但有可能提取不完全。必须进行方法验证，提供方法空白值、加标回收率、替代物回收率等质控数据，以说明得到的数据结果的可信度。

（七）压力液体萃取法（PLE）和亚临界水萃取法（SWE）

压力液体萃取法（Pressur ized Liquid Extraction，PLE）和亚临界水萃取法（Subcritical Water Extraction，SWE）是目前发展最快、为环境分析研究人员普遍看好的两种从固体基体中提取有机污染物的方法。压力液体萃取法也被称为加速溶剂萃取法（Accelerated Solvent Extraction；ASE），是在提高压力和增加温度的条件下，用萃取溶剂将固体中的目标化合物提取出来。它能大大加快萃取过程又明显减少溶剂的使用量。在高温高压的条件下，待测目标化合物的溶解度增加，样品基质对它的吸附作用或相互之间的作用力降低，加快了它从样品基质中解析出来并快速进入溶剂。增加压力使溶剂在较高温度下保持液态，提高温度也降低了溶剂的黏度，有利于溶剂分子向样品基质中扩散。它的特点是萃取时间短、消耗溶剂少、提取回收率高，正逐渐取代传统的索氏提取和超声提取等方法。亚临界水萃取法其实就是压力热水萃取法，是在亚临界压力和温度下（100～374℃，并加压使水保持液态），用水提取土壤、底泥和废弃物中的待测目标化合物。

（八）超临界流体萃取法（SFE）

超临界流体萃取法（Supercritical Fluid Extraction，SFE）是利用超临界流体的溶解能力和高扩散性能发展而来的萃取技术。任何一种物质随着温度和压力的变化都会有三种相态存在：气相、液相、固相。在一个特定的温度和压力条件下，气相、液相、固相会达到平衡，这个三相共存的状态点，就叫三相点。而液、气两相达到平衡状态的点称为临界点。在临界点时的温度和压力就称为临界温度和临界压力。

二、超痕量分析测试技术

环境样品中被测组分通常是痕量或超痕量的，除了需要采用预处理技术进行富集和净化外，还需要高灵敏度的分析方法，才能满足环境样品中痕量或超痕量组分测定的要求。常用的具有高灵敏度的分析方法概述如下：

（一）光谱分析法

光谱分析法是基于光与物质相互作用时，测量由物质内部发生量子化的能级之间的跃迁而产生的发射或吸收光谱的波长和强度变化的分析方法。它包括荧光分析法、发光分析法、原子发射光谱法和原子吸收光谱法等。

1. 荧光分析法

荧光物质分子吸收一定波长的紫外线以后被激发至高能态，经非发光辐射损失部分能量，回到第一激发态的最低振动能级，再跃迁到基态时，发出波长大于激发光波长的荧光。根据荧光的光谱和荧光强度，对物质进行定性或定量的方法称为荧光分析法。

2. 发光分析法

发光分析是基于化学发光和生物发光而建立起来的一种新的超微量分析技术。它通过发光体系光强度测定来定量某一分析物浓度。对于一个固定的发光反应体系，发光强度正比于分析物浓度，测定发光强度的大小可以计算出分析物的含量。根据建立发光分析方法的不同反应体系，可将发光分析分为化学发光分析、生物发光分析、发光免疫分析和发光传感技术等。

发光分析因具有简便、快速、灵敏度高、样品用量少等特点，被广泛应用于环境样品中污染物的痕量检测。

3. 原子发射光谱分析法

发射光谱分析是利用物质受电能或热能的作用，产生气态的原子或离子价电子的跃迁特征光谱线来研究物质的一种检测方法。用不同元素光谱线的波长可以进行定性检测，光谱线的强度则可以用来定量分析。

原子发射光谱分析常用高压火花或电弧激发，产生原子发射特征光谱。本法选择性好，样品用量少，不需化学分离便可同时测定多种元素，可用于汞、铅、砷、铬、镉、镍等几十种元素的测定。近年来已用电感耦合等离子体作为原子化装置和激发源。电感耦合等离子体发射光谱法（ICP-AES）是利用高频等离子矩为能源使试样裂解为激发态原子，通过测定激发态原子回到基态时所发出谱线而实现定性定量的方法，可分析环境样品中几十种元素。

4. 原子吸收光谱法

原子吸收光谱法又称原子吸收分光光度法。它是一种测量基态原子对其特征谱线的吸收程度而进行定量分析的方法。其原理是：试样中待测元素的化合物在高温下被解离成基态原子，光源发出的特征谱线通过原子蒸气时，被蒸气中待测元素的基态原子吸收。在一定条件下，被吸收的程度与基态原子数目成正比。原子吸收光谱仪主要由光源、原子化装置、分光系统和检测系统四部分组成。使用的光源为空心阴极灯，它是用被测元素作为阴极材料制成的相应待测元素灯，此灯可发射该金属元素的特征谱线。

原子吸收光谱法具有灵敏度高、干扰小、操作简便、迅速等特点。它可测定70多种元素，是环境中痕量金属污染物测定的主要方法，在世界上得到普遍、广泛的应用，并成为标准测定方法实施。例如美国环境保护局在水和废水分析中规定了34种金属用原子吸收法进行测定，日本的国家标准颁布了用火焰法测定15种元素，中国水质监测统一用原子吸收法测定的项目有16项。

（二）电化学分析法

电化学分析是应用电化学原理和实验技术建立的分析方法。通常是将待测组分以适当的形式置于化学电池中，然后测量电池的某些参数或这些参数的变化进行定性和定量分析。

1. 电位滴定法

电位滴定是用标准溶液滴定待测离子的过程中，用指示电极的电位变化来代替指示剂颜色变化显示终点的一种方法。进行电位滴定时，在被测溶液中插入一个指示电极和一个参比电极，组成一个工作电池。随着滴定剂的加入，由于发生化学变化使被测离子浓度不断发生变化，因此指示电极的电位也相应发生变化。滴定达到终点附近离子浓度发生突变，这时指示电极电位也发生突变，由此来确定反应终点。

2. 极谱分析法

极谱分析法是以测定电解过程中所得电压-电流曲线为基础的电化学分析方法。极谱分析法有经典极谱法、单扫描极谱法、脉冲极谱法等，其中经典极谱法的灵敏度较低。目前我国常用单扫描极谱法、脉冲极谱法来测定大气中的氮氧化物，水中亚硝酸盐及铅、镉、钒等金属离子含量。

（三）色谱分析法

色谱分析法是利用不同物质在两相中吸附力、分配系数、亲和力等的不同，当两相做相对运动时，这些物质在两相中反复多次分配，从而使各物质得到完全的分离并能由检测器检测。按流动相所处的物理状态不同，色谱分析法又分为气相色谱法和液相色谱法。

1. 气相色谱法

气相色谱法是以气体为流动相对混合物组分进行分离分析的色谱分析法。根据固定相不同，气相色谱法可分为气-固色谱和气-液色谱。气-固色谱的固定相是固体吸附剂颗粒。气-液色谱的固定相是表面涂有固定液的担体。固体吸附剂品种少、重现性较差，用得较少，主要用于分离分析永久性气体和C_1～C_4低分子碳氢化合物。气-液色谱的固定液纯度高，色谱性能重现性好，品种多，可供选择范围广，因此目前大多数气相色谱分析是气-液色谱法。气相色谱法具有高效、灵敏、快速、能同时分离分析多种组分、样品用量少等特点，在环境有机污染物的分析中得到广泛的应用，如苯、二甲苯、多环芳烃、酚类、农药等。

2. 高效液相色谱法

高效液相色谱法是在经典液相色谱法的基础上，采用气相色谱法的理论和技术发展起来的一类分离分析的方法。高效液相色谱法具有高效、高速、高灵敏度等特点，它已成为环境中有机污染物分析不可缺少的重要分析方法之一。按分离机制不同，高效液相色谱法分为液-固色谱、液-液色谱、离子交换色谱（离子色谱）、空间排斥色谱。

3. 色谱-质谱联用技术

气相色谱是强有力的分离手段，特别适合于分离复杂的环境有机污染物样品。同时，质谱和气相色谱在工作状态上均为气相动态分析，除了工作气压之外，色谱的每一特征都能和质谱相匹配，且都具有灵敏度高、样品用量少的共同特点。因此，GC-MS联用既发挥了气相色谱的高分离能力，又发挥了质谱法的高鉴别力，已成为鉴定未知物结构的最有效工具之一，广泛应用于环境样品检测中。在GC-MS联用技术中，气相色谱仪相当于质谱仪的进样、分离装置，而质谱仪相当于气相色谱仪的检测器。

第二节　遥感环境监测技术

遥感，即遥远地感知，亦即远距离不接触物体而获得其信息。"Remote Sensing"（遥感）一词首先是由美国海军科学研究部的布鲁依特（E. L. Pruitt）提出来的。20世纪60年代初在由美国密执安大学等组织发起的环境科学讨论会上正式被采用，此后"遥感"这一术语得到科学技术界的普遍认同和广泛运用。广义的遥感泛指各种非接触、远距离探测物体的技术；狭义的遥感指通过遥感器"遥远"地采集目标对象的数据，并通过对数据的分析来获取有关地物目标、地区或现象信息的一门科学和技术。

通常遥感是指空对地的遥感，即从远离地面的不同工作平台上（如高塔、气球、飞机、火箭、人造地球卫星、宇宙飞船、航天飞机等）通过传感器，对地球表面的电磁波（辐射）信息进行探测，并经信息的传输、处理和判读分析，对地球的资源与环境进行探测和监测的综合性技术。

电磁波遥感是从远距离、高空至外层空间的平台上，利用可见光、红外、微波等探测仪器，通过摄影扫描、信息感应、传输和处理等技术过程，识别地面物体的性质和运动状态的现代化技术系统。

卫星遥感能够在一定程度上弥补传统的环境监测方法所遇到的时空间隔大、费时费力、难以具备整体、普遍意义和成本高的缺陷和困难，随着环境问题日益突出，宏观、综合、快速的遥感技术已成为大范围环境监测的一种主要技术手段。现在已可测出水体的叶绿素含量、泥沙含量、水温、TP和TN等水质参数；可测定大气气温、湿度以及CO、NO_2、CO_2、O_3、ClO_2、CH_4等污染气体的浓度分布；可应用于测定大范围的土地利用情况、区域生态调查以及大型环境污染事故调查（如海洋石油泄漏、沙尘暴和海洋赤潮等环境污染）等。

一、遥感的基本过程

遥感过程是指遥感信息的获取、传输、处理，以及分析判读和应用的全过程（图6-1）。遥感过程实施的技术保证依赖于遥感技术系统。遥感技术系统是一个从信息收集、存储、传输处理到分析判读、应用的完整技术体系。

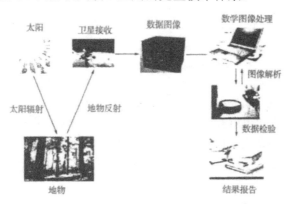

图6-1 遥感过程示意图

遥感信息通过装载于遥感平台上的传感器获取。遥感平台是搭载传感器的工具。根据运载工具的类型划分为航天平台（如卫星，150km以上）、航空平台（如飞机，

100m至十余千米）和地面平台（如雷达，0～50m）。其中航天遥感平台目前发展最快，应用最广。常用的遥感器包括航空摄影机（航摄仪）、全景摄影机、多光谱摄影机、多光谱扫描仪（MSS）、专题制图仪（TM）、高分辨率可见光相机（HRV）、合成孔径侧视雷达（SLAR）等。

遥感信息传输是指遥感平台上的传感器所获取的目标物信息传向地面的过程，一般有直接回收和无线电传输两种方式。

遥感信息处理是指通过各种技术手段对遥感探测所获得的信息进行的各种处理。例如，为了消除探测中的各种干扰和影响，使其信息更准确可靠而进行的各种校正（辐射校正、几何校正等）处理，为了使所获遥感图像更清晰，以便于识别和判读、提取信息而进行的各种增强处理等。

遥感信息应用是遥感的最终目的。遥感信息应用则应根据专业目标的需要，选择适宜的遥感信息及其工作方法进行，以取得较好的社会效益和经济效益。

二、电磁波谱遥感的基本理论

（一）电磁波谱的划分

无线电波、红外线、可见光、紫外线、X射线、γ射线都是电磁波，不过它们的产生方式不尽相同，波长也不同，把它们按波长（或频率）顺序排列就构成了电磁波谱（图6-2）。依照波长的长短以及波源的不同，电磁波谱可大致分为以下几种。

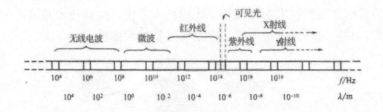

图6-2　电磁波谱

1. 无线电波。波长为0.3m～几千米左右，一般的电视和无线电广播的波段就是用这种波。无线电波是人工制造的，是振荡电路中自由电子的周期性运动产生的。依波长不同分为长波、中波、短波、超短波和微波。微波波长为1mm～1m，多用在雷达或其他通信系统。

2. 红外线。波长为$7.8×10^{-7}～10^{-3}$m，是原子的外层电子受激发后产生的。其又可划分为近红外（0.78～3μm）、中红外（3～6μm）、远红外（6～15μm）和超远红外（15～1000μm）。

3. 可见光。可见光是电磁波谱中人眼可以感知的部分，一般人的眼睛可以感知的电磁波的波长在（78-3.8）$×10^{-6}$cm之间。正常视力的人眼对波长约为555nm的电磁波最为敏感，这种电磁波处于光学频谱的绿光区域。

4．紫外线。波长为$6\times10^{-10}\sim3\times10^{-7}$m。这些波产生的原因和光波类似，常常在放电时发出。由于它的能量和一般化学反应所牵涉的能量大小相当，因此紫外线的化学效应最强。

5．X射线（伦琴射线）。这部分电磁波谱，波长为$6\times10^{-12}\sim3\times10^{-9}$m。X射线是原子的内层电子由一个能态跃迁至另一个能态时或电子在原子核电场内减速时所发出的。

6．γ射线是波长为$10^{-14}\sim10^{-10}$m的电磁波。这种不可见的电磁波是从原子核内发出来的，放射性物质或原子核反应中常有这种辐射伴随着发出。γ射线的穿透力很强，对生物的破坏力很大。

（二）遥感所使用的电磁波段及其应用范围

遥感技术所使用的电磁波集中在紫外线、可见光、红外线、微波光波段。

紫外线具较高能量，在大气中散射严重。太阳辐射的紫外线通过大气层时，波长小于0.3μm的紫外线几乎都被吸收，只有$0.3\sim0.38$μm的紫外线部分能穿过大气层到达地面，目前主要用于探测碳酸盐分布。碳酸盐在0.4μm以下的短波区域对紫外线的反射比其他类型的岩石强。此外，水面漂浮的油膜比周围水面反射的紫外线要强，因此，紫外线也可用于油污染的监测。

可见光是遥感中最常用的波段。在遥感技术中，可以直接光学摄影方式记录地物对可见光的反射特征。也可将可见光分成若干波段，在同一时间对同一地物获得不同波段的影像，还可以采用扫描方式接收和记录地物对可见光的反射特征。

近红外波段也是遥感技术的常用波段。近红外在性质上与可见光近似，由于它主要是地表面反射太阳的红外辐射，因此又称为反射红外。其可以用摄影和扫描方式接收和记录地物对太阳辐射的红外反射。中红外、远红外和超远红外是产生热感的原因，所以又称为热红外。自然界中的任何物体，当其温度高于热力学温度（-273.15℃）时，均能向外辐射红外线。红外遥感是采用热感应方式探测地物本身的辐射，可用于森林火灾、热污染等的全天候遥感监测。

微波又可分为毫米波、厘米波和分米波。微波辐射也具有热辐射性质，由于微波的波长比可见光、红外线长，能穿透云、雾而不受天气影响，且能透过植被、冰雪、土壤等表层覆盖物，因此能进行多种气象条件下的全天候遥感探测。

三、遥感的分类和特点

（一）遥感的分类

遥感技术依其遥感仪器所选用的波谱性质可分为电磁波遥感技术、声呐遥感技术、物理场（如重力和磁力场）遥感技术。通常所讲的遥感往往是指电磁波遥感。

电磁波遥感技术是利用各种物体/物质反射或发射出不同特性的电磁波进行遥感的，其可分为可见光、红外、微波等遥感技术。

按照传感器工作方式的不同可分为主动式遥感技术和被动式遥感技术。所谓主动式是指传感器带有能发射信号（电磁波）的辐射源，工作时向目标物发射，同时接收目标物反射或散射回来的电磁波，以此所进行的探测。被动式遥感则是利用传感器直接接收来自地物反射自然辐射源（如太阳）的电磁辐射或自身发出的电磁辐射而进行的探测。

按照记录信息的表现形式可分为图像方式和非图像方式。图像方式就是将所探测到的强弱不同的地物电磁波辐射转换成深浅不同的（黑白）色调构成直观图像的遥感资料形式，如航空相片、卫星图像等。非图像方式则是将探测到的电磁辐射转换成相应的模拟信号（如电压或电流信号）或数字化输出，或记录在磁带上而构成非成像方式的遥感资料，如陆地卫星CCT数字磁带等。

按照遥感器使用的平台可分为航天遥感技术、航空遥感技术、地面遥感技术。

按照遥感的应用领域可分为地球资源遥感技术、环境遥感技术、气象遥感技术、海洋遥感技术等。

（二）遥感的特点

1. 感测范围大，具有综合、宏观的特点。遥感从飞机上或人造地球卫星上，居高临下获取航空相片或卫星图像，比在地面上观察的视域范围大得多。

2. 信息量大，具有手段多、技术先进的特点。它不仅能获得地物可见光波段的信息，而且可以获得紫外、红外、微波等波段的信息。其不但能用摄影方式获得信息，而且还可以用扫描方式获得信息。遥感所获得的信息量远远超过了用常规传统方法所获得的信息量。

3. 获取信息快，更新周期短，具有动态监测特点。遥感通常为瞬时成像，可获得同一瞬间大面积区域的景观实况，现实性好；而且可通过不同时相取得的资料及相片进行对比、分析和研究地物动态变化的情况，为环境监测以及研究分析地物发展演化规律提供了基础。

四、环境遥感监测

（一）大气遥感原理

大气不仅本身能够发射各种频率的流体力学波和电磁波；而且，当这些波在大气中传播时，会发生折射、散射、吸收、频散等经典物理或量子物理效应。由于这些作用，当大气成分的浓度、气温、气压、气流、云雾和降水等大气状态改变时，波信号的频谱、相位、振幅和偏振度等物理特征就发生各种特定的变化，从而储存了丰富的大气信息，向远处传送，这样的波称为大气信号。应用红外、微波、激光、声学和电子计算机等一系列的技术手段，揭示大气信号在大气中形成和传播的物理机制和规律，区别不同大气状态下的大气信号特征，确立描述大气信号物理特征与大气成分浓度、运动状态和气象要素等空间分布之间定量关系的大气遥感方程，从而最终建立从大气信号物理特征中提取大气信息的理论和方法。

关于电磁波在大气传输过程中所发生的物理变化，以大气吸收为例，主要包括：

①大气中的臭氧（O_3）、二氧化碳（CO_2）和水汽（H_2O）对太阳辐射能的吸收最有效。

②O_3在紫外段（$0.22\sim0.32\mu m$）有很强的吸收。

③CO_2的最强吸收带出现在$13\sim17.5\mu m$远红外段。

④H_2O的吸收远强于其他气体的吸收。最重要的吸收带在$2.5\sim3.0\mu m$，$5.5\sim7.0\mu m$和大于$27.0\mu m$处。

利用上述大气组分在不同波段处对电磁波的吸收特点（图6-3），可以开展各组分的含量水平等方面的遥感监测。

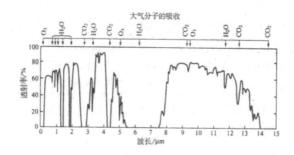

图6-3 大气分子在不同波段处对电磁波的吸收图

例如，秸秆焚烧是农作物秸秆被当作废弃物焚烧，会对大气环境、交通安全和灾害防护产生极大影响。利用环境卫星，MODIS等卫星数据，可以开展秸秆焚烧卫星遥感监测（图6-4），为环境监察工作提供有效的技术手段。

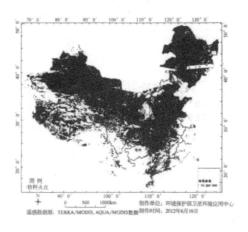

图6-4 秸秆焚烧卫星遥感监测图

（二）水环境遥感监测

利用遥感技术进行水质监测的主要机理是被污染水体具有独特的有别于清洁水体的光谱特征，这些光谱特征体现在其对特定波长的光的吸收或反射，而且这些光谱特征能够为遥感器所捕获并在遥感图像中体现出来。对所监测水体的遥感图像进行几何校正、大气校正和解译，得出所需的光谱信息，利用经验、半经验或者其他数据分析方法，可筛选出合适的遥感波段或波段组合，将该波段组合光谱信息与水质参数的实测数据结合，可以建立相关的水质参数遥感估测模型，达到一定的精度后可用来反演水体中水质参数的相关数据，从而达到利用遥感技术对水体进行环境水质定量监测的目的。

内陆水体中影响光谱反射率的物质主要有四类：①纯水；②浮游植物，主要是各种藻类；③由浮游植物死亡而产生的有机碎屑以及陆生或湖体底泥经再悬浮而产生的无机悬浮颗粒，总称为非色素悬浮物；④由黄腐酸、腐殖酸等组成的溶解性有机物，通常称为黄色物质。

水的光谱特征主要由水本身的物质组成决定，同时又受到各种水状态的影响。在可见光波段0.6μm之前，水的吸收少，反射率较低，多为透射。对于清水，在蓝光、绿光波段反射率为4%～5%，0.6μm以下的红光波段反射率降到2%～3%，在近红外、短波红外部分几乎吸收全部的入射能量。这一特征与植被和土壤光谱形成明显的差异，因而在红外波段识别水体较为容易。图6-5反映了水体的反射光谱特征，图6-6反映了电磁波与水体相互作用的辐射传输过程。

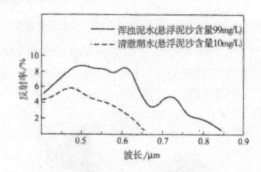

图6-5 水体的反射光谱特征

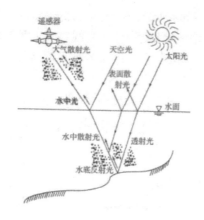

图6-6 电磁波与水体相互作用的辐射传输过程

目前，在遥感对水质的定量监测机理方面，主要研究内容有悬浮泥沙、叶绿素、可溶性有机物（黄色物质）、油污染和热污染等，其中水体浑浊度（或悬浮泥沙）和叶绿素浓度是国内外研究最多也最为成熟的两部分。综合考虑空间、时间、光谱分辨率和数据可获得性，TM数据是目前内陆水质监测中最有用也是使用最广泛的多光谱遥感数据。SPOT卫星的HRV数据JRS-1C卫星数据和气象卫星NOAA的AVHRR数据以及中巴资源卫星数据也可用于内陆水体的遥感监测。如从2009年4月开始，环境保护部卫星环境应用中心利用"环境一号"A、B卫星数据以及其他卫星数据，对太湖、巢湖、滇池及三峡库区的蓝藻水华进行连续监测。

第三节　环境快速检测技术

随着经济社会的快速发展以及对环境监测工作高效率的迫切需要，研究高效、快速的环境污染物检测技术已成为国际环境问题的研究热点之一，尤其是水质和气体的快速检测技术发展迅速，对我国环境监测技术的发展起到了重要的推动作用。

一、便携水质多参数检测技术

便携式仪器法是利用根据污染物的热学、光学、电化学、电磁波学、气相色谱学、生物学等特点设计的仪器进行污染物现场检测的方法。便携式仪器具有防尘、防水、质轻和耐腐蚀等特性，一些还配有手提箱，所有附件一应俱全，十分便于野外操作。下面介绍几种典型或新型的水质便携式多参数检测仪。

（一）手持电子比色计

手持电子比色计（GE LC-01型）是由同济大学设计的半定量颜色快速鉴定装置，

153

结构简单，小巧轻便（154mm×91mm×30mm，约360g），手持使用。该装置与传统的目视比色卡片不同，不受外部环境条件（光线、温度等）影响，晚上亦可正常使用。该比色计存储多种物质标准色列，用于多种环境污染物和化学物质的识别与半定量分析，配合GEE显色检测剂或其他水质检测包（盒）等，可对数十种化学物质或离子进行快速半定量分析，非专业人员亦可自主操作，适合于环境监测、排污监督、水质分析、食品质量检验、应急监测等。

（二）水质检验手提箱

水质检验手提箱由微型液体比色计、测量系统、现场快速检测剂、显色剂、过滤工具等组成，如图6-7所示，由同济大学污染控制与资源化研究国家重点实验室最新研制。

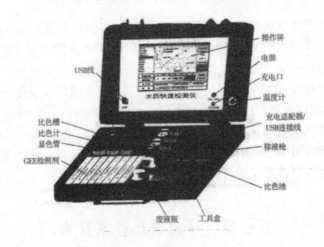

图6-7 水质检验手提箱示意图

根据使用目的不同配置有氮磷硫氯检测手提箱、重金属手提箱、广谱检测手提箱等多种规格，手提箱工具齐备、小巧轻便，采用高亮度手（笔）触LED屏，界面清晰、直观，适合于户外使用，在水质分析、环境监测、食品检验及其他分析检验领域，尤其对矿山、企事业单位、农村、山区、高原、事故现场等水质快速或应急检测具有重要价值。

水质检验手提箱中，配备的微型液体比色仪是一种全新的小型现场检测仪器，微型液体比色仪工作原理与传统分光光度计不同，直接采用颜色传感器，无滤光、信号放大系统，避免了因部件转动、光电转换引起的测量误差。颜色测量计算系统是基于CIE Lab双锥色立体（bicone color solid）而设计开发，通过色调（blue）、色度（chroma）和明度（lightness）的三维矢量运算处理，计算混合体系中各颜色的色矢量（c.v.），在配色技术和颜色检测反应中有重要的应用价值。其中，在痕量物质检测领域，待测物标准系列采用二次函数拟合，误差小、范围宽，并设计单点校正标准曲线，方便操作人员修正因测量条件改变而引起的检测误差。

手提箱提供快速检测粉剂，胶囊包装，性能稳定，携带方便，可对氨（铵）、亚硝酸盐、硝酸盐、磷酸盐、硫酸盐、硫化物、氯化物、余氯、溶解氧、铬（VI，III）、铁、铜、锌、铅、镍、锰、总硬度、甲醛、挥发酚、苯胺、肼等数十种物质（离子）进行快速定量检测，灵敏度高，重现性好。

（三）现场固相萃取仪

常规固相萃取装置（SPE）只能在实验室内使用，水样流速慢，萃取时间长，不适于水样现场快速采集。同济大学研制的微型固相萃取仪（GE MSPE-02型）为水环境样品的现场浓缩分离提供了新的方法和技术，其工作原理如图6-8所示。

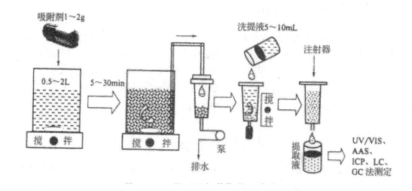

图6-8　微型固相萃取仪工作原理

与常规SPET作原理不同，微型固相萃取仪是将1～2g吸附材料直接分散到500～2000mL水样中，对目标物进行选择性吸附后，通过蠕动泵导流到萃取柱，使液固得到分离，再使用5～10mL洗脱剂洗脱出吸附剂上的目标物，即可用AAS、ICP、GC、HPLC等分析方法对目标物进行测定。

如图6-9所示，现场固相萃取仪小巧轻便，采用锂电池供电，保证充电后可连续工作8h以上。该装置富集效率高（100～400倍），现场使用可减少大量水样的运输和保存带来的困难，尤其适合于偏远地区、山区、高原、极地和远洋等水样品的采集。改变吸附剂，可富集水体中的目标重金属或有机物，适应性广。

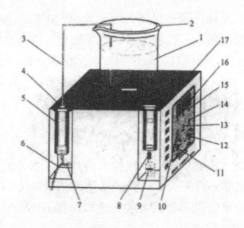

图6-9　微型固相萃取仪（GE MSPE-02）结构

1-水样；2-吸附反应杯；3-流管转接头，5-萃取柱；6-导流长软管；7-导流短软管；
8-堵帽；9-储液瓶；10-延时按钮；11-洗提调速器；12-搅拌调速器；13-洗提按钮；
14-搅拌按钮；15-状态指示灯；16-时间显示窗，17-洗柱孔

该仪器已成功用于天然水体中痕量重金属（Cu^{2+}、Zn^{2+}、Pb^{2+}、Cd^{2+}、CO^{2-}和Ni^{2+}）和酚类化合物等污染物的现场浓缩、分离。

（四）便携式多参数水质现场监测仪

便携式多参数水质现场监测仪是专为现场水质测量的可靠性和耐用性而设计的仪器，可同时实现多个参数数据的实时读取、存储和分析。如默克密理博新开发的便携式多参数水质现场监测仪Move100，内置430nm、530nm、560nm、580nm、610nm、660nm的LED发光二极管，可以测试氨氮、COD、砷、镉、铅、六价铬、铜、镍、挥发酚等100多个常见水质分析项目，其内部结构如图6-10所示。

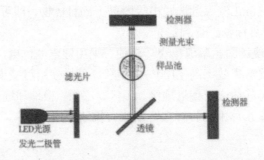

图6-10　便携式多参数水质现场监测仪内部结构示意图

仪器内置的大部分方法符合美国EPA和德国DIN等国际标准。IP68完全密封的防护等级，可以持续浸泡在水中（水深小于18m至少24h），特别适用于野外环境测试或现场测试。仪器在现场进行测试后，可以带回实验室采用红外的方式进行数据传输，IRiM（红外数据传输模块）使用现代的红外技术，将测试结果从测试仪器传输

到3个可选端口上，通过连接电脑实现DA Excel或文本文件格式储存以及打印。同时，该仪器具有AQA验证功能，包括吸光度值验证和在此波长下的检测结果验证。

二、大气快速监测技术

大气快速监测技术是采用便携、简易、快速的仪器或装置，在尽可能短的时间内对目标污染物的种类、浓度、污染范围及危险性做出准确科学判断的重要依据。下面对常见的几种大气污染和空气质量现场快速分析技术进行简单介绍。

（一）气体检测管

气体检测管是一种简便、快速、直读式的气体定量检测仪，可在已知有害气体或蒸气种类的条件下进行现场快速检测。其测试原理为：先用特定的试剂浸渍少量多孔性材料（如硅胶、凝胶、沸石和浮石等），然后将浸渍过试剂的多孔性材料放玻璃管内，使空气通过玻璃管。如果空气中含有被测成分，则浸渍材料的颜色就有变化，根据其色柱长度，计算出污染物的浓度。气体检测管既可用于室内空气监测、公共场所的空气质量监测、作业现场的空气及特定气体的测试、大气环境监测等许多方面，也可用于需要控制气体成分的生产工艺中。

气体检测管根据其构造和用途可分为普通型、试剂型、短期测量管、长期测量管和扩散式测量管等。普通型是玻璃管内仅放置指示剂，能直接与待测物质起颜色反应而定性定量。试剂型是在玻璃管内不但装有指示剂，而且装有试剂溶液小瓶，在采样检测前或后，打破试剂溶液小瓶，待测物质与试剂反应产生颜色变化。扩散式测量管的特别之处是不需要抽气动力，而是利用待测物质的分子扩散作用达到采样检测的目的。气体检测管法具有体积小、质量轻、携带方便、操作简单快速、灵敏度较高和费用低等优点，且对使用人的技术要求不高，经过短时间培训就能够进行监测工作。目前，市售气体检测管种类较多，能够检测的污染物超过500种，可以检测的环境介质包括空气、水及土壤、有毒气体（如CO、H_2S、Cl_2等）、蒸气（如丙酮、苯及酒精等）、气雾及烟雾（如硫酸烟雾）等，可参照《气体检测管装置》（GB/T 7230—2008）选用合适的检测管。然而，气体检测管不能精确给出大气污染物的浓度，易受温度等因素的干扰。

（二）便携式PM2.5检测仪

德国Grimm Aerosol公司的小型颗粒物分析仪，不需要切割头，可实时分析可吸入颗粒物和可呼吸颗粒物，同时分析8、16、32通道不同粒径的粉尘分散度。该仪器采用激光90°散射，不受颗粒物颜色的影响，内置可更换的EPA标准47mmPTFE滤膜，同时进行颗粒物收集，用于称重法和化学分析。自动、精确的流量控制，能够保证分析结果的可靠，特别的保护气幕使光学系统免受污染，可靠性极高，维护量少。数据存储卡可以保存1个月到1年的连续测试数据，有线或无线的通信方式，便于在线自动监测和数据下载。内置充电池,适合各种场合的工作。

我国首款便携式PM$_{2.5}$检测仪"汉王蓝天霾表"于2014年上市。该"霾表"能实时获取微环境下的PM$_{2.5}$和PM$_{10}$数据,并得到空气质量等级的提示,最长响应时间为4s。其大小相当于一款手机,质量为150g。该仪器采用了散射粒子加速度测量法,通过特殊传感器获得粒子质量、运动速度、粒径、反光强度,进一步对空气中颗粒物的粒径大小分布进行统计和分析,从而实时获取PM$_{2.5}$和PM$_{10}$的浓度。霾表侧重于个人微环境中的当前空气质量,比如家庭中的吸烟、油烟、周边环境等因素对家庭健康的影响。

(三)便携式烟气二氧化硫分析仪

便携式烟气二氧化硫分析仪采用定电位电解法进行测定。仪器主要由两部分组成,即气路系统和电路系统。气路系统完成烟气的采样、处理、传送等功能;电路系统则完成气电转换、信号放大、数据处理、数据的显示打印和仪器的工作状态控制等功能。仪器预热后,烟气通过烟尘过滤器去除粗烟尘。过滤后的烟气经过采样枪进入气水分离器,在气水分离器内水分和细烟尘与烟气分离,从而使基本洁净的干烟气经过薄膜泵进入传感器气室,在气室内扩散后,采集的烟气再从气室出口排出仪器。在气室里扩散的烟气与传感器发生氧化还原反应,使传感器输出微安级的电流信号。该信号进入前置放大器后,经过电流/电压的变换和信号放大,模拟量信号经数模转换器转换成计算机可识别的数字信号,经数据处理后可将测试结果显示出来。

(四)便携式甲醛检测仪

美国Interscan便携式甲醛检测仪采用电压型传感器,是一种化学气体检测器,在控制扩散的条件下运行。样气的气体分子被吸收到电化学敏感电极,经过扩散介质后,在适当的敏感电极电位下气体分子发生电化学反应,这一反应产生一个与气体浓度成正比的电流,这一电流转换为电压值并送给仪表读数或记录仪记录。传感器有一个密封的储气室,这不仅使传感器寿命更长,而且消除了参比电极污染的可能性,同时可用于厌氧环境的检测。传感器电解质是不活动的类似于闪光灯和镍镉电池中的电解质,所以不需要考虑电池损坏或酸对仪器的损坏。

(五)手持式多气体检测仪

PortaSens II型仪器可用于检测现场环境空气中的各种气体,通过更换即插即用型传感器模块可以检测氯气、过氧化氢、甲醛、CO、NO、NO$_2$、H$_2$S、HF、HCN、SO$_2$、AsH$_3$等30余种不同气体。传感器不需校准,精度一般为测量值的5%,灵敏度为量程的1%,可根据监测需要切换、设定量程RS232输出接口、专用接口电缆和专用软件用于存储气体浓度值,存储量达12000个数据点;采用碱性,D型电池,质量为1.4kg。

第四节 生 态 监 测

随着人们对环境问题及其规律认识的不断深化，环境问题不再局限于排放污染物引起的健康问题，还包括自然环境的保护、生态平衡和可持续发展的资源问题。因此，环境监测正从一般意义上的环境污染因子监测开始向生态环境监测过渡和拓宽。除了常见的各类污染因子外，由于人为因素影响，灾害性天气增加，森林植被锐减，水土流失严重，土壤沙化加剧，洪水泛滥，沙尘暴、泥石流频发，酸沉降等，使得本已十分脆弱的生态环境更加恶化。这促使人们重新审视环境问题的复杂性，用新的思路和方法了解和解决环境问题。人们开始认识到，为了保护生态环境，必须对环境生态的演化趋势、特点及存在的问题建立一套行之有效的动态监测与控制体系，这就是生态监测。因此，生态监测是环境监测发展的必然趋势。

一、生态监测的定义

所谓生态监测，是以生态学原理为理论基础，运用可比的和较成熟的方法，在时间和空间上对特定区域范围内生态系统和生态系统组合体的类型、结构和功能及其组合要素进行系统地测定，为评价和预测人类活动对生态系统的影响，为合理利用资源、改善生态环境提供决策依据。

二、生态监测的原理

生态监测是环境监测工作的深入与发展，由于生态系统本身的复杂性，要完全将生态系统的组成、结构、功能进行全方位的监测十分困难。随着生态学理论与实践的不断发展与深入，特别是景观生态学的发展，为生态监测指标的确立、生态质量评价及生态系统的管理与调控提供了基础框架。景观生态学中的一些基础理论即等级（层次）理论、空间异质性原理等成为生态监测的基本指导思想。研究生态系统的组成要素、结构与功能、发展与演替，以及人为影响与调控机制的生态系统生态学理论也为生态监测提供理论支持。生态系统生态学的研究领域主要涵盖了自然生态系统的保护和利用，生态系统的调控机制，生态系统退化的机理、恢复模型及修复技术，生态系统可持续发展问题以及全球生态问题等。

三、生态监测、环境监测和生物监测之间的关系

在环境科学、生态学及其分支学科中，生态监测、生物监测及环境监测都有各自的特点和要求。环境监测是伴随着环境科学的形成和发展而出现的，以环境为对象，运用物理、化学和生物技术方法对其中的污染物及其有关的组成成分进行定性、

159

定量和系统的综合分析，运用环境质量数据、资料来表征环境质量的变化趋势及污染的来龙去脉。因此，环境监测属于环境科学范畴。

长期以来，生物监测属于环境监测的重要组成部分，是利用生物在各种污染环境中所发出的各种信息，来判断环境污染的状况，即通过观察生物的分布状况，生长、发育、繁殖状况，生化指标及生态系统工程的变化规律来研究环境污染的情况、污染物的毒性，并与物理、化学监测和医药卫生学的调查结合起来，对环境污染做出正确评价。

对生态监测一直有争议的，主要表现在生态监测与生物监测的相互关系上。一种观点认为生态监测包括生物监测，是生态系统层次的生物监测，是对生态系统的自然变化及人为变化所做反应的观测和评价，包括生物监测和地球物理化学监测等方面内容；也有的将生态监测与生物监测统一起来，统称为生态监测，认为生态监测是环境监测的组成部分，是利用各种技术测定和分析生命系统各层次对自然或人为的反应或反馈效应的综合表征来判断这些干扰对环境产生的影响、危害及其变化规律，为环境质量的评估、调控和环境管理提供科学依据。这种观点表明，生态监测是一种监测方法，是对环境监测技术的一种补充，是利用"生态"作"仪器"进行环境质量监测。

而另一种观点认为，随着环境科学的发展以及社会生产、科学研究等领域的监测工作实践，生态监测远远超出了现有的定义范畴，生态监测的内容、指标体系和监测方法都表现出了全面性、系统性，既包括对环境本质、环境污染、环境破坏的监测，也包括对生命系统（系统结构、生物污染、生态系统功能、生态系统物质循环等）的监测，还包括对人为干扰和自然干扰造成生物与环境之间相互关系的变化的监测。

因此，生态监测是指通过物理、化学、生物化学、生态学等各种手段，对生态环境中的各个要素、生物与环境之间的相互关系、生态系统结构和功能进行监控和测试，为评价生态环境质量、保护生态环境、恢复重建生态、合理利用自然资源提供依据，它包括了环境监测和生物监测。

四、生态监测的类别

生态监测从时空角度可概括地分为两大类，即宏观监测或微观监测。

（一）宏观监测

宏观监测至少应在一定区域范围之内，对一个或若干个生态系统进行监测，最大范围可扩展至一个国家、一个地区甚至全球，主要监测区域范围内具有特殊意义的生态系统的分布、面积及生态功能的动态变化。

（二）微观监测

微观监测指对一个或几个生态系统内各生态要素指标进行物理、化学、生态学方面的监测。根据监测的目的一般可分为干扰性监测、污染性监测、治理性监测、环境质量现状评价监测等。

1. 干扰性监测是指对人类固有生产活动所造成的生态破坏的监测，例如：滩涂围垦所造成的滩涂生态系统的结构和功能、水文过程和物质交换规律的改变监测；草场过牧引起的草场退化、沙化、生产力降低监测；湿地开发环境功能下降，对周边生态系统及鸟类迁徙影响的监测等。

2. 污染性监测主要是对农药、一些重金属及各种有毒有害物质在生态系统中所造成的破坏及食物链传递富集的监测，如六六六、DDT、SO_2、Cl_2、H_2S等有害物质对农田、果树污染监测；工厂污水对河流、湖泊、海洋生态系统污染的监测等。

3. 治理性监测指对破坏了的生态系统经人类的治理后生态平衡恢复过程的监测，如沙化土地经客土、种草治理过程的监测；退耕还林、还草过程的生态监测；停止向湖泊、水库排放超标废水后，对湖泊、水库生态系统恢复的监测等。

4. 环境质量现状评价监测。该监测往往用于较小的区域，用于环境质量本底现状评价监测，如某生态系统的本底生态监测；南极、北极等很少有人为干扰的地区生态环境质量监测；新修铁路要通过某原始森林附近，对某原始森林现状的生态监测；拟开发的风景区本底生态监测等。

总之，宏观监测必须以微观监测为基础，微观监测必须以宏观监测为指导，二者相互补充，不能相互替代。

五、生态监测的任务与特点

（一）生态监测的基本任务

生态监测的基本任务是对生态系统现状以及因人类活动所引起的重要生态问题进行动态监测；对破坏的生态系统在人类的治理过程中生态平衡恢复过程的监测；通过监测数据的集积，研究上述各种生态问题的变化规律及发展趋势，建立数学模型，为预测预报和影响评价打下基础；支持国际上一些重要的生态研究及监测计划，如GEMS（全球环境监测系统）、MAB（人与生物圈）等，加入国际生态监测网络。

（二）生态监测的特点

1. 综合性。生态监测涉及多个学科，涉及农、林、牧、副、渔、工等各个生产行业。

2. 长期性。自然界中生态过程的变化十分缓慢，而且生态系统具有自我调控功能，短期监测往往不能说明问题。长期监测可能有一些重要的和意想不到的发现，如北美酸雨的发现就是典型的例子。

3. 复杂性。生态系统本身是一个庞大的复杂的动态系统，生态监测中要区分自然因素和人为干扰这两种因素的作用有时十分困难，加之人类目前对生态过程的认识是逐步积累和深入的，这就使得生态监测不可能是一项简单的工作。

4. 分散性。生态监测站点的选取往往相隔较远，监测网的分散性很大。同时由于生态过程的缓慢性，生态监测的时间跨度也很大，所以通常采取周期性的间断监测。

（三）生态监测指标体系

根据生态监测的定义和监测内容，传统的生态监测指标体系无法适应于现今对生态环境质量监测的要求。从我国正在开展的生态监测工作来看，生态监测构成了一个复杂的网络，各地纷纷建立生态监测网站与网络，生态监测的指标体系丰富而庞杂。

1. 非生命系统的监测指标

气象条件：包括太阳辐射强度和辐射收支、日照时数、气温、气压、风速、风向、地温、降水量及其分布、蒸发量、空气湿度、大气干湿沉降等，以及城市热岛强度。

水文条件：包括地下水位、土壤水分、径流系数、地表径流量、流速、泥沙流失量及其化学组成、水温、水深、透明度等。

地质条件：主要监测地质构造、地层、地震带、矿物岩石、滑坡、泥石流、崩塌、地面沉降量、地面塌陷量等。

土壤条件：包括土壤养分及有效态含量（N、P、K、S）、土壤结构、土壤颗粒组成、土壤温度、土壤pH、土壤有机质、土壤微生物量、土壤酶活性、土壤盐度、土壤肥力、交换性酸、交换性盐基、阳离子交换量、土壤容重、孔隙度、透水率、饱和含水量、凋萎水量等。

化学指标：包括大气污染物、水体污染物、土壤污染物、固体废物等方面的监测内容。

大气污染物：有颗粒物、SO_2、NO_2、CO、烃类化合物、H_2S、HF、PAN、O_3等。

水体污染物：包括水温、pH、溶解氧、电导率、透明度、水的颜色、气味、流速、悬浮物、浑浊度、总硬度、矿化度、侵蚀性二氧化碳、游离二氧化碳、总碱度、碳酸盐、重碳酸盐、氨氮、硝酸盐氮、亚硝酸盐氮、挥发酚、氰化物、氟化物、硫酸盐、硫化物、氯化物、总磷、钾、钠、六价铬、总汞、总砷、镉、铅、铜、溶解铁、总锰、总锌、硒、铁、锰、锌、银、大肠菌群、细菌总数、COD、BOD_5、石油类、阴离子表面活性剂、有机氯农药、六六六、滴滴涕、苯并[a]芘、叶绿素a、油、总α放射性、总β放射性、丙烯醛、苯类、总有机碳、底质（颜色、颗粒分析、有机质、总N、总P、pH、总汞、甲基汞、镉、铬、砷、硒、酮、铅、锌、氰化物和农药）。

土壤污染物：包括镉、汞、砷、铜、铅、铬、锌、镍、六六六、DDT、pH、阳离子交换量。

固体废物监测：包括氨、硫化氢、甲硫醇、臭气浓度、悬浮物（SS）、COD、BOD_5、大肠菌群，以及苯酚类、钛酸酯类、苯胺类、多环芳烃类等。

其他指标，如噪声、热污染、放射性物质等。

2．生命系统的监测内容

生物个体的监测，主要对生物个体大小、生活史、遗传变异、跟踪遗传标记等监测。

物种的监测，包括优势种、外来种、指示种、重点保护种、受威胁种、濒危种、对人类有特殊价值的物种、典型的或有代表性的物种。

种群的监测，包括种群数量、种群密度、盖度、频度、多度、凋落物量、年龄结构、性别比例、出生率、死亡率、迁入率、迁出率、种群动态、空间格局。

群落的监测，包括物种组成、群落结构、群落中的优势种统计、群落外貌、季相、层片、群落空间格局、食物链统计、食物网统计等。

生物污染监测，包括放射性、镉、六六六、DDT、西维因、倍硫磷、异狄氏剂、杀螟松、乐果、氟、钠、钾、锂、氯、溴、镧、铅、钙、镭、碘、汞、铀、硝酸盐、亚硝酸盐、灰分、粗蛋白、粗脂肪、粗纤维等。

3．生态系统的监测指标

主要对生态系统的分布范围、面积大小进行统计，在生态图上绘出各生态系统的分布区域，然后分析生态系统的镶嵌特征、空间格局及动态变化过程。

4．生物与环境之间相互作用关系及其发展规律的监测指标

生态系统功能指标包括：生物生产量（初级生产、净初级生产、次级生产、净次级生产）、生物量、生长量、呼吸量、物质周转率、物质循环周转时间、同化效率、摄食效率、生产效率、利用效率等。

5．社会经济系统的监测指标

其包括人口总数、人口密度、性别比例、出生率、死亡率、流动人口数、工业人口、农业人口、工业产值、农业产值、人均收入、能源结构等。

（四）生态监测的新技术手段

由于生态监测的内容和指标体系的丰富和完善，分析测试方法涉及的学科领域庞杂，如气象学、海洋学、水文学、土壤学、植物学、动物学、微生物学、环境科学、生态科学。此外，新技术新方法在生态监测中的运用也十分广泛。

参考文献

[1]张迎迎.环境监测管理与技术探讨[J].城市建设理论研究:电子版,2016,6(2):552-552.

[2]陈涠尘.关于环境监测管理与技术的思考[J].水能经济,2016,(4):384+386.

[3]陈玲,赵建夫.环境监测[M].北京:化学工业出版社,2014.

[4]曹华伟.传感技术在环境检测中的应用[J].中小企业管理与科技,2016,(3):242-242.

[5]曾爱斌.环境监测技术与实训[M].北京:中国人民大学出版社,2014.

[6]李党生,付翠彦.环境监测[M].北京:化学工业出版社,2017.

[7]高玉梅,孟国鑫,楼晟荣.β射线吸收法双通道PM2.5/PM10监测装置性能探究[J].环境监测管理与技术,2017,29(5):47-50.

[8]李少兰,尹冲.浅谈室内环境检测能力验证氨氮的测定[J].中小企业管理与科技,2017,(6):78-79.

[9]张超杰.环境空气质量自动监测子站系统运行管理的质量控制[J].建筑工程技术与设计,2018,(21):3614-3614.

[10]谢添.基于物联网与大数据分析的设备健康状况监测系统设计与实现[D].北京交通大学,2018.

[11]冯喻,肖利娟,韦桂峰.遥感在近岸海域水体生物监测中的应用研究[J].环境科学与管理,2019,44(4):149-153.

[12]赵顺莉.建设项目环保设施竣工验收监测时的环境管理检查[J].生态环境与保护,2021,4(3):75-77.

[13]曹春光.对雾霾空气环境质量检查与治理研究[J].工程与管理科学,2019,1(1):9-9.

[14]段雪梅,张燕波,文军.便携式XRF土壤重金属检测仪在环境应急监测中的应用探讨[J].环境监测管理与技术,2017,29(3):49-52.

[15]张锦春.环保管理与环境监测的若干思考[J].绿色环保建材,2017,(8):1-1.

[16]周云飞,顾建祥.实验室信息管理系统(LIMS)在环境监测中应用分析[J].中国新技术新产品,2018(4):43-44.

[17]谢文佳,殷柯柯,魏法山.大豆过敏原P34蛋白基因检测技术与环境污染的关系研究[J].环境科学与管理,2018,43(2):148-152.

[18]曹冠楠,王静.氢氧自由基与长链烷烃反应产物的气相色谱质谱检测初探[J].环境监测管理与技术,2017,29(2):56-58+63.

[19]王盾.室内环境污染物的检测技术研究[J].化工管理,2017,(3):80-81.

164

[20]李灿伟.基于基因芯片技术的生态环境污染物毒性检测研究[J].环境科学与管理,2021,(5):114-119.

[21]董海洁.土壤重金属检测技术与生态修复技术研究进展[J].环境科学与管理,2021,46(7):110-112+177.

[22]张议文,姚雪娜.环境检测实验室废液的绿色化处理[J].建筑工程技术与设计,2017,(26):2252-2252.

[23]张宇.环境污染物快速检测技术的国内外研究进展[J].环境监测管理与技术,2018,30(6):10-14.

[24]董泽华,张雷,付安庆."材料腐蚀损伤的检/监测技术与结构完整性管理"专题序言[J].装备环境工程,2020,17(4):7-10.

[25]冯淇.生态环境检测实验室现场采样质量管理技术数字化研究与应用[J].皮革制作与环保科技,2021,2(21):68-69.

[26]吴景龙,邹超,吴松海.石化行业挥发性有机物源强核算及LDAR技术的应用研究[J].环境科学与管理,2017,42(8):121-125.

[27]袁冬琴.基于遥感技术的施工工地扬尘污染自动监测方法研究[J].环境科学与管理,2020,45(1):136-141.

[28]刘海燕.基于遥感技术的生态环境监测与保护应用研究[J].科技成果管理与研究,2021,(2):43-45.

[29]高松,段玉森,张珊.典型恶臭有机污染自动监测技术与应用探究[J].环境监测管理与技术,2020,32(1):42-45.

[30]宋钊,陈迪.生态环境检测实验室现场采样质量管理技术数字化研究与应用[J].质量与认证,2021,(6):59-60+64.

[31]蔡生顺,黄青华,保善东.基于地球物理方法的垃圾处理场污染物检测技术研究[J].环境科学与管理,2018,43(4)123-128:

[32]赵臻,铁中彪.基于地理信息系统的重点区域环境检测研究[J].环境科学与管理,2018,43(9):127-130.

[33]张小琼,黄鑫,张晟.环境中寄生虫(卵)的检测方法及回收率[J].环境监测管理与技术,2018,30(2):53-56.

[34]闫丽华,邹德超,王小乐.基于模糊评价算法的环境检测系统的设计研究[J].环境科学与管理,2017,42(12):168-173.

[35]付翠轻.环境检测实验室质量管理的现状与对策研究[J].农家参谋,2020,663(15):243-243.

[36]郑床木,毛雪飞,刘霁欣.农业面源和重金属污染检测技术设备研发与标准研制[J].中国环境管理,2018,10(5):111-112.

[37]赵诚.高温环境下压力容器与管道的超声波检测技术[J].化工管理,2018,(26):155-156.

[38]张明礼. 关于工程质量检测单位建立质量、环境和职业健康安全管理体系的思考[J]. 建筑与装饰, 2018, (21): 130-130.

[39]葛肖魏, 李晓华. 环境监测在环保验收监测中的作用[J]. 建筑工程技术与设计, 2016, (31): 34-34.

[40]彭华波. 环境检测与管理机制的反思与发展[J]. 低碳世界, 2017, (11): 15-16.

[41]杨利荣, 李伟. 基于Android平台的室内环境检测系统的设计研究[J]. 环境科学与管理, 2017, 42 (5): 26-29.

[42]沈仕洲, 张克强, 王淑茹. 进口与国产设备对水质NH4+和NO3-监测效果分析[J]. 环境监测管理与技术, 2019, 31 (2): 69-71.

[43]顾晶, 萨出拉, 商凯. "引航家"国产智慧船舶交通管理系统——基于环境感知的水上目标检测与跟踪[J]. 中国海事, 2017, (3): 36-37.

[44]胡彬. EMM环境下移动终端风险与检测研究[J]. 网络安全技术与应用, 2017, (1): 91-92.

[45]常国峰, 李玉洋, 季运康. 燃料电池汽车动力系统综合测试环境舱的氢安全设计[J]. 实验技术与管理, 2020, 37 (4): 280-282+287.

[46]李超, 西伟力, 毕涛. VOCs快速检测在某化工企业搬迁遗留污染场地调查中的应用[J]. 环境监测管理与技术, 2018, 30 (3): 53-54+59.